本书出版得到山东省一流学科建设“811”项目“马克思主义理论学科”经费资助

思想政治理论课教学专题研究丛书

自然辩证法概论专题研究

孙　波　等著

中国社会科学出版社

图书在版编目（CIP）数据

自然辩证法概论专题研究 / 孙波等著. -- 北京 :
中国社会科学出版社, 2024. 7. -- (思想政治理论课教
学专题研究丛书). -- ISBN 978-7-5227-3831-4

Ⅰ. N031

中国国家版本馆 CIP 数据核字第 20241PY435 号

出 版 人　赵剑英
责任编辑　田　文
责任校对　张爱华
责任印制　张雪娇

出　　版　中国社会科学出版社
社　　址　北京鼓楼西大街甲 158 号
邮　　编　100720
网　　址　http://www.csspw.cn
发 行 部　010-84083685
门 市 部　010-84029450
经　　销　新华书店及其他书店

印　　刷　北京君升印刷有限公司
装　　订　廊坊市广阳区广增装订厂
版　　次　2024 年 7 月第 1 版
印　　次　2024 年 7 月第 1 次印刷

开　　本　710×1000　1/16
印　　张　15
插　　页　2
字　　数　220 千字
定　　价　98.00 元

前　言

自然辩证法是马克思主义关于自然、科学技术及其方法论以及科学、技术与社会相互作用的基本原理的理论体系。在高校为本科生尤其是硕士生开设“自然辩证法概论”课程，可以帮助学生树立系统完整的马克思主义自然观、科学观，掌握和灵活运用马克思主义一般科学方法，正确认识和评价科学技术，充分认识科学、技术与社会的内在关联及其作用机制，这对于高校学生将来的学习、工作与生活无疑具有极为重要的理论价值与现实意义。

本教材依据教育部硕士研究生思想政治理论课“自然辩证法概论”教学大纲撰写，可以作为本课程配套辅助教材使用。本教材的撰写体例以专题研究的形式呈现，用以更好地实现教学内容的专业性、纵深性和创新性，从而可以更好地服务学生的课程与专业学习。主要包含以下内容：

马克思主义自然观部分，设置了两个专题，专题一“马克思主义自然观的形成及其主要内容”，具体内容包括马克思主义自然观形成的历史渊源、现实理论基础、马克思主义自然观的特征及内容。专题二“马克思主义自然观的发展与现代意义”，具体内容包括系统自然观、人工自然观和生态自然观的理论基础、具体特征及作用。

马克思主义科学技术观部分，设置了三个专题，专题三“马克思、恩格斯科学技术思想”，具体内容包括马克思、恩格斯科学技术思想的产生背景、发展历程、具体内容。专题四“科学技术‘内在亦善亦恶观’的确立及其规范意义”，主要涉及对马克思技术异化思想的纵深研究与思考，具体内容包括高技术视阈下人的异化问题、科学技术“内在亦善亦恶观”、科学技术的不确定性及其风险规避路径以及科技事故三重“责任主体”的确立及其规范价值等内容。专题五“科学技术的发展模式与动力”，具体内容包括科学发展的模式如实证主义、证伪主义、科学革命、科学研究纲领及马克思主义视角下的科学发展模式等，技术发展的模式如累积模式、革命模式以及技术范式的更替等。

马克思主义科学技术方法论部分，设置了一个专题，专题六“科学技术研究的问题意识与方法”，具体内容包括问题意识的涵义、如何培养问题意识、问题意识的研究意义和研究方法。

马克思主义科学技术社会论部分，设置了三个专题，专题七“科学技术的社会功能”，具体内容包括科学技术与社会进步、科学技术与人的自由解放、科学技术与异化。专题八“科学技术的社会建制”，主要内容包括小科学到大科学的转变、科技活动的社会组织、科学共同体及其社会规范。专题九“科学与人文的统一性”，具体内容包括萨顿“新人文主义”的主要特点、科学之美与科学的创造性本质、东西方的交流对科学发展的重要影响、萨顿“新人文主义”的局限性、科学深层次的人性基础。

中国马克思主义科学技术观与创新性国家部分，主要设置了一个专题，专题十“科学技术创新方法研究”，具体内容包括科学创新的涵义、类型与特点，科学创新的基础、影响科学创新的因素等内容。

由于作者水平所限，本教材难免存在疏漏和不足，欢迎专家和广大读者批评指正。

孙　波

2024 年 1 月

目　录

专题一　马克思主义自然观的形成及其主要内容　/ 1

一　古代自然科学与朴素唯物主义自然观　/ 2

二　近代自然科学与机械唯物主义自然观　/ 8

三　近代自然科学与辩证唯物主义自然观的诞生　/ 16

问题探究　/ 22

延伸阅读　/ 22

专题二　马克思主义自然观的发展与现代意义　/ 23

一　系统自然观　/ 24

二　人工自然观　/ 31

三　生态自然观　/ 35

问题探究　/ 42

延伸阅读　/ 42

专题三　马克思、恩格斯科学技术思想　/ 43

一　科学技术思想的产生背景　/ 43

二　马克思、恩格斯科学技术思想发展历程　/ 46

三　马克思、恩格斯科学技术思想的内容　/ 52

问题探究　/ 57

延伸阅读　/ 58

专题四　科学技术“内在亦善亦恶观”的确立及其规范意义　/ 59

一　高技术视阈下人的异化问题解析　/ 60

二　科学技术“内在亦善亦恶观”的确立　/ 66
三　科学技术的四种不确定性及其风险规避路径　/ 73
四　科技事故三重“责任主体”的确立及其规范价值　/ 81
问题探究　/ 87
延伸阅读　/ 87

专题五　科学技术的发展模式与动力　/ 88
一　科学发展的模式　/ 89
二　技术发展的模式　/ 100
三　科技发展的动力　/ 106
问题探究　/ 116
延伸阅读　/ 117

专题六　科学技术研究的问题意识与方法　/ 118
一　科学技术研究的问题意识　/ 119
二　科学技术研究的研究方法　/ 128
问题探究　/ 138
延伸阅读　/ 138

专题七　科学技术的社会功能　/ 139
一　科学技术与社会进步　/ 140
二　科学技术与人的自由解放　/ 146
三　科学技术与异化　/ 152
问题探究　/ 159
延伸阅读　/ 159

专题八　科学技术的社会建制　/ 160
一　小科学与大科学　/ 161
二　科技活动的社会组织　/ 169
三　科学共同体及其社会规范　/ 179
问题探究　/ 185

延伸阅读　/ 186

专题九　科学与人文的统一性
——以萨顿“新人文主义”和“人性”为视角　/ 187
一　萨顿“新人文主义”的内容及特点　/ 188
二　科学之美与科学的创造性本质　/ 193
三　东西方的交流对科学发展的重要影响　/ 199
四　萨顿新人文主义的局限性　/ 202
五　科学深层次的人性基础　/ 204
问题探究　/ 208
延伸阅读　/ 208

专题十　科学技术创新方法研究　/ 209
一　科学创新的内涵与实现　/ 210
二　技术创新的形成　/ 218
三　科技创新的意义　/ 224
问题探究　/ 226
延伸阅读　/ 226

主要参考文献　/ 227

后　记　/ 230

专题一

马克思主义自然观的形成及其主要内容

本专题的选题背景及意义

马克思主义自然观即辩证唯物主义自然观，其思想渊源可以追溯到古代朴素唯物主义自然观和近代机械唯物主义自然观。每一种形态的自然观都是当时自然科学发展水平的反映。古代科学的发展状况孕育了朴素唯物主义自然观，在17至18世纪近代科学发展基础上形成的是机械唯物主义自然观，而马克思主义的辩证唯物主义自然观则是马克思、恩格斯对19世纪科学发展高潮时期一系列重大科学成就进行概括总结的理论成果。辩证唯物主义自然观是对自然界辩证性质的深刻揭示和系统总结，在水平上超越了以往任何形态的自然观；它为人们进一步深刻认识自然界提供了正确的指导原则，并在其后不断推动着自然观达到更高的发展水平；它还为现代科学技术研究活动指明了研究方向，提供了卓有成效的认识论及方法论方面的指导。

自然观是关于自然界及其与人类关系的根本看法或总的观点。马克思主义自然观则是站在马克思主义基本立场上形成的关于自然界的总观点。马克思主义看待自然界的基本立场是辩证唯物主义，因而马克思主义自然观就是辩证唯物主义自然观。

人类有感知、能认识，对自身及其生活于其中的自然界必然会形成各种知识和观点，其中那些在一定时期内为大多数人所认同并保持相对稳定的观点，就是自然观。自然观不是一成不变的，随着历史的发展，特别是自然科学的发展，人们的认识能力会不断提高，对自然界的认识和把握必然越来越全面深入，随之带来自然观的变化和发展。人类对自然界的认识成果，主要体现为自然科学知识的积累和发展，由此形成了自然观与自然科学的密切关系。有什么样的自然科学发展水平，就会形成与之相适应的自然观。自然观在很大程度上可以说是自然科学发展水平的反映，正是自然科学的不断发展促成了自然观不断上升的发展历史。

自然科学的历史，大体上可分成三个阶段：古代科学、近代科学和现代科学。三个时期通常以 1543 年和 1900 年这两个明确的时间界标来划定。1543 年是近代科学革命的标志之年，这一年之前的科学统称为古代科学，而其后则进入近代科学时期。1900 年开始爆发现代科学革命，从此进入现代科学发展时期。与古代和近代科学的发展相对应，形成了唯物主义自然观的两种形态：朴素唯物主义自然观和机械唯物主义自然观。当近代科学发展到 19 世纪的高潮时期，又诞生了马克思主义的辩证唯物主义自然观。进入现代科学发展时期，众多科学新成就的出现又进一步推动了辩证唯物主义自然观不断向前发展。

一　古代自然科学与朴素唯物主义自然观

（一）古代科学及其基本特征

古代科学的时间跨度极大，其内容形成于数百上千年前甚至更遥远的古代，因而表现出极端的错综复杂性。关于古代科学的研究，即使是最简单的介绍，也会因众多因素相互交织而表现出极大不同。从自然科学与自然观关系的视角来观照古代科学，其重点不在于具体科学知识的介绍，而在于其发展过程中所表现出来的整体特征。

1. 以自然哲学形态存在的古代自然科学

最初的自然科学，伴随人类社会的诞生而萌发。在原始社会时期，人类就在与自然事物打交道的实践活动中积累起最初的关于自然界的知识。正如恩格斯所说："随着劳动而开始的人对自然的支配，在每一新的进展中扩大了人的眼界。他们在自然对象中不断地发现新的、以往所不知道的属性。"① 这些在劳动实践中产生并以经验形态散见于操作过程中的自然知识，在当时当然无法上升为理论化的形态，但它们已经是对于自然事物和自然规律的一种反映，它们是自然科学的萌芽形式。在公元前3000多年至公元前2000年间，人类社会出现了脑力劳动与体力劳动的分工，关于自然的知识开始出现了科学的形态。在两河流域、尼罗河流域、印度河流域和中国的黄河与长江流域，出现了古巴比伦、古埃及、古印度和古代中国的科学文明。随着社会生产力的发展和某些地域经济的繁荣，从大约公元前8世纪起至公元前1世纪古罗马帝国建立，古代自然科学以自然哲学的形式达到了其发展的鼎盛时期。

从总体上看，整个古代的自然科学，大体上主要局限于天文学、数学和力学这三个部门。"首先是天文学——游牧民族和农业民族为了定季节，就已经绝对需要它。天文学只有借助于数学才能发展。因此数学也开始发展。——后来，在农业的某一阶段上和在某些地区（埃及的提水灌溉），特别是随着城市和大型建筑物的出现以及手工业的发展，有了力学。"② 这一时期的自然科学，还远没有形成独立的、系统的分门别类的知识体系，有关自然的知识基本包容于自然哲学之中。而古代的自然哲学，基本上就可以看成是一种自然观，它把自然界当作一个统一的有机体。这样关于自然界的认识，依赖于笼统的直观、大胆的猜测和理性的辨析。因此，在人类认识自然的初级阶段所形成的古代自然哲学，仅仅是直观地勾画出了整个自然界的轮廓，而无法描述和解释自然界的具体事物与联系。它试图从自然界本身来对自然现象进行解释，但因缺乏足够的经验知识而无法在自然现象间建立起因果链条；它意图从总体上把握自然界，但因对自然界事物的认识尚未达到分析和解剖的程度，在对部分和细节尚不清楚的情况下，对总体的把握必然是笼统的和模糊的。如此一来，就使它不得不用哲学的猜想来填补知识的缺口，用哲学的思辨来构造自洽的理论。因此，古代人关于自然的知识以及相应的观

---

① ［德］恩格斯：《自然辩证法》，人民出版社2015年版，第306页。
② ［德］恩格斯：《自然辩证法》，人民出版社2015年版，第28页。

念就是笼统、朦胧和粗糙的，带有明显的直观性、思辨性和猜测性特点。

古代以自然哲学形态存在的自然科学，标志着人类开始运用理性思维去探索自然的本质和规律，是人类认识自然道路上的一次巨大进步。人类认识自然所形成的自然科学最初以自然哲学的形式出现，意味着在哲学和自然科学之间存在着天然的联系。哲学需要以对自然界的认识即自然科学为基础，自然科学在认识自然界的过程中也必然会遇到带有自然观性质的自然哲学问题。古代自然哲学中包含丰富的朴素唯物主义和自发辩证法倾向，坚持从自然界本身去寻求对自然界的解释，坚持在自然界的总体联系和运动、发展、变化中把握自然界，因而孕育着许多天才的科学预见并在以后的科学发展中被证实且逐步走向成熟。对此，恩格斯曾言道：在希腊哲学的多种多样的形式中，差不多可以找到以后各种观点的胚胎、萌芽。因此，如果自然科学理论想要追溯自己今天的一般原理发生和发展的历史，它也不得不回到希腊人那里去。

2. 与生产经验相互交织的古代科学

古代科学从诞生到长期延续，在世界当时主要的文明区域中，体现为农业文明的一部分。比如在古代中国，称得上科学知识的内容大都包容于农业文化中。农业生产具有极强季节性，故而制定历法、授民以时，是关乎"民以食为天"的大事，由此形成了丰富的天文历法知识。农业生产又具有较强地域性，由此使古代地学知识较为发达。农业活动还需要各种类型的丈量和计算，必然形成较为完善的数学知识。这各个方面的科学知识，其主要来源是日常生产和生活经验，是常识的积累和解释，而古代人们的生产、生活经验是自发形成的，与之相适应，所形成的科学文献大多具有记载性特征，难以形成完整性的理论体系。

中国古代农业生产具有天然的有机性、生态性，依附于生产的科学知识以及在这些知识基础上建立起来的对自然界的认识，必然表现为朴素的有机论。它关注自然界的有机联系，具有较明显的整体论特征。这同西方以"原子论"为代表的具有较鲜明机械性的思想传统有着显著不同。关于这种区别，普里高津曾这样说道："正如李约瑟在他的论述中国科学和文明的基本著作中经常强调的，经典的西方科学和中国的自然观长期以来是格格不入的。西方科学向来是强调实体（如原子、分子、基本粒子、生物分子等)，而中国的自然观则以‘关系’为基础，因而是以关于物理世界的更为‘有组织的’观点为基础。”①

(二) 朴素唯物主义自然观

古代的自然科学，总体上表现得原始而质朴，但却是一片肥沃的土壤，孕育着丰富的思想性内容和对自然界的整体观点。正是与古代科学的整体状况和发展水平相适应，形成了朴素唯物主义的自然观。

1. 朴素唯物主义自然观的基本观点及其表现

朴素唯物主义自然观的基本观点，大致可以概括为两个方面。

(1) 在自然界本原问题上，其观点具有朴素唯物主义倾向，认为自然界的本原是某一种物质或某几种物质或某种抽象的东西。在世界不同地域，朴素唯物主义自然观的具体观点有所不同。古希腊时期的哲学家们，关于世界本原的观点也不一样，泰勒斯认为是“水”，阿那可西米尼认为是“气”，赫拉克利特认为是“火”，恩培多克勒在上述三种元素基础上加上了“土”，主张“四元素”说，留基伯、德谟克利特则认为是“原子”。在古代中国思想家那里，在自然界本原问题上则有元气论、五行说等观点。古印度人认为自然界来源于被称作“极微”的原始物质。古阿拉伯人主张自然界由物质、形态、运动、时间、空间等构成。上述这些观点显然都是猜测，但明显具有唯物论性质，并没有将世界的本原诉诸精神和某种神秘的力量。

(2) 探讨自然界万事万物的起源、发展和延续过程，认为自然界处于永恒的产生和消灭中，处于不断的流动中，处于无休止的运动和变化中。这样的观点看到了事物的发展变化，也在一定程度上看到了自然事物内部对立性质的相互转化，因而具有明显的朴素辩证法倾向。如在古希腊，被列宁赞誉为辩证法始祖的赫拉克利特就曾指出：“人不能两次走进同一条河流”，“太阳每天都是新的”，所揭示出来的正是自然事物变动不居的辩证法规律。在我国古代思想家的经典论述及传世文献中，关于对立性质相互包含、相互转化的辩证法思想也普遍存在。如老子说：“草木之生也柔脆，其死也枯槁”，“天下莫柔弱于水，而攻坚强者

① [比] 普里高津：《从存在到演化》，上海科学技术出版社1986年版，序。

莫之能胜”，揭示出了自然事物在生与死、弱与强等对立性质上的辩证关系；《周易》中的许多论述，如“亢龙有悔”“否极泰来”等，也体现着丰富的辩证法意涵并蕴涵着极有价值的生活智慧；甚至像《红楼梦》这样的经典文学作品中也能够挖掘出众多具有辩证法思想的深刻内容和表达。

2. 朴素唯物主义自然观的基本特征及其意义

从朴素唯物主义自然观的基本内容和具体表现来看，大致可以概括出以下几方面的基本特征。(1) 整体性和直观性。从感官的直接感知出发，凭借直觉对自然界形成整体性的认识，而对具体自然事物的细节往往语焉不详。(2) 思辨性和臆测性。对于无法靠直观感知的诸如万物本原、事物本质等问题，就只能依靠大脑的思维能力进行推理，通过猜测填补知识之间的空白。(3) 自发性和不彻底性。在朴素唯物主义自然观中，其唯物论倾向和辩证法倾向是相互脱节的，两者间缺乏有机的结合，有的观点中辩证法倾向较为突出而唯物论较弱，也有的观点却刚好相反，因而其对自然界的描述和解释常常局限于特定范围，而且很不完备、不彻底，一旦涉及人类社会的解释时，又常常夹杂进神秘主义的因素。

从朴素唯物主义自然观的基本特征可以看出，它既有值得肯定的正面因素，又有需要澄清的不利方面。尽管如此，这种自然观仍然具有重要意义。它既有唯物主义倾向，又有朴素辩证法倾向，因而成为后来辩证唯物主义自然观的思想先驱。但它显然不是现代的辩证唯物主义自然观，因为在它那里，唯物论与辩证法是相互割裂的，而在辩证唯物主义自然观这里，才真正实现了唯物论与辩证法的有机统一。

3. 古代自然观的复杂性

由于古代自然科学本身就具有笼统、直观和思辨的特征，导致以其为基础的朴素唯物主义自然观也有相应的类似特征。另外，朴素唯物主义自然观的主要内容，大多停留在思想家们的讨论中或者是哲学家们的论著中，普通民众对之知之甚少，无法将之用于解释具体现象，更遑论用于指导生产实践。因此，这种自然观在漫长的历史进程中是与广大民众的实际需求相脱节的。如此一来，当某一时期科学发展受到阻碍、趋于式微的时候，这种自然观也就难以长期维持下去。

需要了解的是，朴素唯物主义自然观不是古代唯一的自然观，在相当长时期和相当广大的区域内，它甚至不是当时占据主流的自然观。由于自然科学长期处于萌芽和欠发达的状态，人们在解释具体而又复杂的自然现象时，自然科学常常指望不上同时也是靠不住的。在此情况下，人们一般会将所遇到的形形色色的自然现象归之于某种神秘力量，在此基础上形成的各种自然观，就具有了或多或少的神秘气氛，可将其统称为神秘主义的自然观。这种类型的自然观在欧洲中世纪，发展形成了相对完善的宗教神学自然观。较之朴素唯物主义自然观对具体自然现象解释时的无能为力，神学自然观却可以对之进行普通民众在心理上能够接受的解释，因此它就在很多方面和很大程度上代替了朴素唯物主义自然观。宗教神学自然观虽然在较长的历史时期内占据主流，但因其与当代马克思主义的辩证唯物主义自然观不能相容，甚至是对辩证唯物主义自然观的一种阻碍和反动，因而人们一般对其略而不谈。但不可否认的是，在人类的发展历史上确实在很长的时期内是从宗教神学的教条出发来看待和解释自然界的，也就是说神学自然观是一种客观存在，且曾与朴素唯物主义自然观相互交织、相互影响，此消彼长。因而它是不应被回避和遗忘的。

神学自然观的历史极其久远，但其流行是在欧洲中世纪。此时，基督教的观念为欧洲各国所普遍接受和信奉，成为人们日常生活的主导性意识。宗教还与世俗权力相结合，形成了许多政教合一的国家，在不少地方教权甚至超越政权，对社会起着实际的控制作用。在这种情况下，人们理解自然界的依据和出发点，自然就是宗教教义。其基本观点是：自然界是上帝或神的创造物，如圣经创世纪第一章所述；自然界的任何事物，所发生的任何运动、变化，都由神或上帝所控制，按照上帝的旨意行事。甚至有主教这样宣称：没有上帝的旨意，一根头发也不会从脑袋上掉下来。在此形势下，盲目迷信盛行，与科学相关的知识成为神学的婢女，只有依附神学才有存在下去的可能。这样的自然观相对于朴素唯物主义自然观，看起来明显是一种退步。但退步与进步是对立的统一，应辩证地看待。所谓进中有退，退中有进，退步在某种意义上说未尝不是一种进步。朴素唯物主义自然观虽然既有唯物论倾向又有辩证法倾向，但它高高在上，是脱离实际脱离民众的阳春白雪，不能解决人们现实生活中遇到的实际问题，在宗教神学自然观的挤压冲击下，逐渐走向式微具有历史必然性。在这样的意义上，宗教神学自然观占据主流也具有某种历史进步性。

二　近代自然科学与机械唯物主义自然观

1543 年到 1900 年期间被称为近代自然科学时期。为方便研究，人们大体将其分为三个阶段：16—17 世纪的科学革命，18 世纪的稳步发展和 19 世纪的科学高潮。前两个阶段是近代自然科学的搜集材料时期，与其发展水平相适应形成的是机械唯物主义自然观；第三阶段则是整理材料时期，科学的井喷式发展及其新特征，迎来了辩证唯物主义自然观的诞生。

（一）近代搜集材料时期的近代自然科学及其基本特征

16—18 世纪的自然科学，基本上处于搜集并掌握材料的时期，“在自然科学的这一刚刚开始的最初时期，主要工作是掌握现有的材料。在大多数领域中必须完全从头做起。”① 研究者通常将这一时期分为两个阶段，即 16—17 世纪的近代自然科学革命（简称近代科学革命）和 18 世纪的稳步发展。

1. 近代科学革命

（1）近代科学革命的背景

发生在 16—17 世纪的近代科学革命，在整个人类发展的历史上是具有里程碑意义的大事件。在此之前是欧洲中世纪，占据思想意识和知识领域主阵地的是神学教条，因而形成了自然科学发展的瓶颈期，特别是在公元 5 世纪到约 11 世纪的黑暗年代，更是自然科学研究的一片荒漠，自然科学只有臣服于神学，以“婢女”的身份苟延残喘。转机出现在 11 世纪末开始的十字军东征。这场宗教战争引发的后果和影响极其深远，时至今日仍众说纷纭，无法形成认同度较高的评价，但对于自然

① ［德］恩格斯：《自然辩证法》，人民出版社 2015 年版，第 11 页。

科学而言，却是初露曙光的转机，正是通过十字军东征，在较大程度上实现了东西方文明的交流会通，开启了学术复兴的崭新历程。

如果说十字军东征对近代科学的作用仅仅是一个遥远的铺垫的话，那么文艺复兴、宗教改革、远洋航海和地理大发现则对近代科学革命起到了直接的推动作用。14、15 世纪以来，资本主义生产关系得以萌发并不断发展，资产阶级作为新生社会力量，从维护和扩大自己的政治、经济利益出发，在思想文化领域发动了一场反封建、反教会的新文化运动，史称“文艺复兴”。“文艺复兴”所要复兴的是古希腊、古罗马时期的古典文化，但仅从古典文化中选择那些能够体现资产阶级意志和利益需求的文化思想加以复兴，并给予其符合时代精神的解释，其中居于核心地位的是人文主义，热情讴歌人们的世俗生活，反对封建束缚和神权统治。文艺复兴运动所带来的最突出的变化是解放了人们的思想，释放出了求知欲，激发起了探索精神，使人们从对神界的向往和关注转向重视自然事物和人类自身。这样，文艺复兴对于近代科学革命就具有了直接的推动作用，甚至可以说近代科学革命是文艺复兴的直接成果。

宗教改革运动发生于 16 世纪上半叶的欧洲，是又一场重大的思想解放运动。这场运动的导火索是德国教士马丁·路德顺应民意质疑而抵制赎罪券。以此为出发点，马丁·路德系统阐述了其宗教纲领和政治主张，引发了一场影响深远的宗教改革运动。这场运动在很大程度上改变了人们对宗教的看法，首先是认识到只要心中有信仰，就可以凭借自己的心灵实现与上帝的沟通；其次是表达了那个时代人们对自由、平等的向往，在基督教世界里传播了人文精神。人类在摆脱上帝在俗世的代表——教会束缚的同时，也开始致力于从自然界中获得解放，于是科学活动获得了依据，开始被逐渐重视起来。

15 世纪末 16 世纪初，欧洲人掀起了波澜壮阔的远洋航海探险运动，在不到 40 年的时间里创造了发现新大陆、环球航行等伟大业绩，史称“地理大发现”。远洋航海和地理大发现，对于欧洲社会和科学技术的发展都产生了极为重要的作用。仅从科技发展方面看，远洋航海本身就是一项科技含量很高的活动。它直接促进了诸如天文学、力学、数学等学科中某些相关领域的发展。远洋航行使欧洲人眼界大开，发现了众多前所未见的自然现象，丰富了自然知识，开阔了思路，进一步激起了探索自然的兴趣。这对于近代科学在各个领域获得突破具有重大意义。

（2）近代科学革命的标志及历程

1543年，哥白尼《天体运行论》一书出版，被公认为是近代科学革命的开端。恩格斯指出："自然研究通过一个革命行动宣布了自己的独立，仿佛重演了路德焚毁教谕的行动，这个革命行动就是哥白尼那本不朽著作的出版，他用这本著作向自然事物方面的教会权威提出了挑战，虽然他当时还有些胆怯，而且可以说直到临终之际才采取了这一行动。从此自然研究便开始从神学中解放出来……"① 哥白尼学说的重要意义，首先在于它认为太阳是宇宙的中心，从而还了地球作为普通行星的本来面目，把地心说中本末倒置的认识重新颠倒了过来；其次是使人类对于整个太阳系有了较为正确的认识，从而为近代天文学的发展指明了正确道路，是近代自然科学的真正开端。德国诗人歌德这样说道："哥白尼地动说震撼人类意识之深，自古无一种创见、无一种发明，可与之比……自古以来没有这样天翻地覆地把人类的意识倒转过来过。因为若是地球不是宇宙的中心，那么无数古人相信的事物将成为一场空了。谁还相信伊甸的乐园，赞美诗的歌颂，宗教的故事呢？"②

哥白尼创立日心说，引起了一场革命。但这场革命并非一开始就是轰轰烈烈的。哥白尼本人的叙述繁琐而又深奥，且侧重于数学推导，较少使用观测材料，再加上他在行星绕日运行问题上坚持正圆形轨道和匀速运动，致使他的日心说在精确度上还比不上托勒密的地心说。可以这样说，哥白尼引起了一场革命，但并没有完成它。但他的研究却是对后人的一种重要引领，后来的科学家纷纷登上科学舞台推动科学展现出了前所未见的新景象。在这当中要首推德国科学家开普勒，他最伟大、最值得夸耀的创造是提出了行星运行的三大定律。三大定律完美揭示出了行星绕日运行的深刻规律，克服了哥白尼学说中存在的明显不足，是具有符合现代标准的科学成就。由此，开普勒获得了"天体立法家"的美誉。

与开普勒同时代的意大利人伽利略，是近代科学革命浪潮中一位承

① ［德］恩格斯：《自然辩证法》，人民出版社2015年版，第10—11页。

② 竺可桢：《哥白尼在近代科学上的贡献》，中华全国科学技术普及学会，1953年，第15页。

前启后的重要人物。在其科学生涯中，一方面提出了诸如自由落体定律、惯性定律、相对性原理等对于物理学来说十分重要的思想，另一方面则是他创立了近代物理学的真正方法。与哥白尼相比，伽利略的理论透露出诸多让人耳目一新的新鲜气息。哥白尼的天文学是根据数学简单性这一“先验”原则建立起来的，而伽利略却用望远镜去加以实际的检验；哥白尼在自己的体系中遇到没有经验材料加以支持的地方就宁可接受传统说法，伽利略在这样的地方就干脆说“我不知道”，为后来的研究留下余地；哥白尼的论证立足于数学的和谐，伽利略则将这种和谐确立为一切物体运动的数学—力学规律。伽利略把实验方法、归纳方法与数学的演绎方法以及假设结合起来，发现并建立了物理科学的真正方法。伽利略在近代物理学上的开创性工作，扫除了原有知识中所含有的或多或少的数字学的神秘气氛，给出了各类物体运动规律的物理基础，为牛顿的总结性工作打下了坚实的基础。

伽利略与开普勒处于同一个时代，彼此对对方的研究都有所了解，但却互不认同甚至有所指责，因而开普勒关于天体的运行理论与伽利略地上物体的运动理论不能进入统一的理论体系之中。最终完成这一综合性工作的是英国科学家牛顿。牛顿的主要成就是建立了以万有引力为核心的经典力学，随着牛顿经典力学的建立，近代科学革命宣告完成。

（3）近代科学革命的成就及其影响

对于近代科学而言，16、17 世纪是一个真正的光荣时代。这是一个近代科学真正起源和快速发展的时代，人类不仅获得了完全不同于中世纪与人的社会生活息息相关的真正有用的知识，还在当时和随后的时间里推动人类的知识以超越历史上任何时代的速度发展。这还是一个人才辈出的时代，各个领域的众多优秀人物纷纷登上科学的大舞台展示自己横溢的才华，除了人们熟知的哥白尼、开普勒、伽利略和牛顿，还有许多其他领域的各种不同类型的优秀人才涌现出来，科学的发展造就了他们，而他们则造就了科学。这更是一个形成了科学精神的时代，从此以后，人们真正告别了蒙昧，摆脱了困惑，重新认识了人类自身，重新树立了信心。

在近代科学革命这一场伟大的变革中，新的科学知识和理论让人应接不暇，其中最伟大的成就便是牛顿经典力学的建立。这一理论不但对以前已经出现的科学知识进行了总结，从而成为一个完整的、统一的大体系，而且在后来的应用中不断得到科学实验和科学发展的证明。这使它成为这一时期人们心目中的一座光辉的大厦，人们在为之惊奇、赞叹的同时，坚信力学规律是一把万能的钥匙，凭借它可以打开各个科学领域的大门，于是不断将其应用范围加以扩大。在近代科学革命之后的18、19两个世纪，经典力学，特别是万有引力定律，成为人们从事其他领域研究活动的一个榜样，纷纷以它为模板建立各自的原理或定律。

2. 18世纪近代科学的稳步发展

18世纪的科学曾被描述成近代科学发展长河中的一段“谷地”。与16、17世纪光荣的牛顿时代和19世纪科学的全面繁荣相比，宛如处在一个“马鞍形”发展的低凹部。给人的印象，似乎18世纪的科学进展是处在“缓慢”“喘息”“松弛”，以至“停滞”的阶段。但通过深入考察发现，这种暗淡无光的描绘是片面的，呈现在人们面前的18世纪的科学同样生机勃勃，尽管在表现方式上不同于科学革命时期。如果说力学、天文学是牛顿时代科学的骄傲的话，那么18世纪的骄傲则是化学和生物学。

18世纪生物学的发展贯穿着一条重要线索，即物种不变论与物种进化论的争论。虽然生物学的历史很古老，但进展却较为缓慢。至18世纪初期开始有了明显的进步，但其研究的重点基本上还是搜集标本，了解各种动植物的结构、特征和用途，进行分类工作。这样的研究状况使得人们将物种看作静止不变，于是产生了林奈物种不变的思想。但生物的千变万化毕竟是生物学家们每天都要碰到的客观事实，所以在生物学发展史上，又始终存在着进化论思想。这些进化论思想的不断积累，就导致了拉马克进化论的产生，从而为19世纪达尔文创立生物进化论创造了条件。

化学在18世纪也取得了重大进展，拉瓦锡创立氧化说取代燃素说被公认为是一场化学大革命。在此之前，人们所了解的化学知识还很零散，对于各种化学现象，不同化学家各有一套不同的说法，而通过解释燃烧现象建立起来的燃素说则提出了一种系统的理论，引导人们去研究物质的性质。如恩格斯所说：“化学刚刚借助燃素说从炼金术中解放出来。”[①] 但燃素说应用于实践时遇到了一系列困难，无法自圆其说。而拉瓦锡创立氧化说，把被燃素说所颠倒的自然事物的本质重新颠倒了过来，使化学真正走上了科学的道路。

3. 上述时期科学发展所呈现出的整体特征

从近代科学革命发生到 18 世纪末这一段科学发展的历史，可以总结概括出下述几方面的重要特征，正是这些特征影响到了人们对自然界的整体看法，成为机械唯物主义自然观形成的重要原因。

（1）搜集材料。近代自然科学诞生于欧洲，而此前的欧洲处于中世纪，是科学的荒漠时期，因而近代科学犹如是在沼泽上建造高楼大厦。当人们的思想被文艺复兴和宗教改革所推动，目光由对天国的向往转向关注自然界的万事万物时，才发现了一个精彩纷呈、目不暇接的全新世界。此时人们首先要做的，是对自然界各领域所呈现出来的具体事物和现象加以搜集和记录，暂时还无暇顾及不同材料之间的联系，更没有能力从整体上对自然界加以系统把握。

（2）学科分立。与搜集材料特征相联系，形成的是近代科学的学科分立局面，即对应某个具体的自然领域，形成某一专门学科对其加以研究。如恩格斯所说：“把自然界分解为各个部分，把各种自然过程和自然对象分成一定的门类，对有机体的内部按其多种多样的解剖形态进行研究”[②]，于是，像数学、天文学、力学、生物学、化学等专门的学科纷纷形成，每门学科具有自己独特的研究对象，形成独有的知识体系和研究方法，而相互之间则不能进行有效沟通。这样的特征与古代时期以自然哲学对自然界进行总体而笼统的研究相比较，呈现出显著的区别。

（3）描述性。各门学科在具体的研究中，一般侧重于对现存事物的存在状态和运动过程进行描述，而对于事物如此存在和运动的内在原因及历史过程，则常常囿于推测，甚至完全不能涉及，即知其然而不知其所以然。如牛顿经典力学对太阳系的研究，只能是基于当时还存在巨大争议的引力来解释其现状，而对其是如何演化的这一问题，则几乎没有涉及，其著名的“第一推动”论就是在这样的情况下提出来的。

---

① ［德］恩格斯：《自然辩证法》，人民出版社 2015 年版，第 12 页。

② ［德］恩格斯：《反杜林论》，人民出版社 2015 年版，第 20 页。

（4）机械论。当时以牛顿经典力学为代表的科学成就，集中反映了人们对自然界认识的最高水平，其基本观点包括：自然界是物质组成的，物质的性质取决于组成它的不可再分的最小微粒的数量组合和空间结构；物质具有不变的质量和固有的惯性，它们之间存在着万有引力；一切物质运动都是物质在绝对、均匀的空间和时间中的位移，都遵循机械运动规律，保持严格的因果关系。这样的观点体现出典型的机械论特征。

（5）有神论。与机械论特征相联系，此时的自然科学在整体上基本是有神论的。既然自然界可被科学当作机械加以研究，且这种研究卓有成效，那么自然界就是一架巨型机器，自然界的万事万物都是机器，甚至人也是机器。而机器，至少在直观上是不能自发形成的，必然要借助于神力的参与。比如在荒漠中发现如手表一类的机器，人们不会认为它是由沙粒自发形成的，而必然会想到是人的创造。把自然界的事物理解为机械，当然需要有一种神奇的力量来创造它。

（二）机械唯物主义自然观的基本观点及其特征

与16、17、18世纪200多年科学发展的整体状况相适应，形成的是机械唯物主义自然观。它“把各种自然物和自然过程孤立起来，撇开宏大的总的联系去进行考察，因此，就不是从运动的状态，而是从静止的状态去考察；不是把它们看做本质上变化的东西，而是看做固定不变的东西；不是从活的状态，而是从死的状态去考察”①。这种自然观既有古代朴素唯物主义自然观的思想传承，又是形成马克思主义辩证唯物主义自然观的重要思想基础。

1. 机械唯物主义自然观的基本观点

概括而言，机械唯物主义自然观包括下述基本观点：（1）认为自然界是一个物质性的世界，体现出这种自然观的唯物主义性质。但是这种唯物主义倾向在较大程度上是自发形成的，还不是人们的一种普遍自觉。（2）认为自然物质世界的万事万物由最小的物质颗粒组合而成，这是唯物主义观点的进一步深化，但也体现出其机械性特征。（3）描绘出

① ［德］恩格斯：《反杜林论》，人民出版社2015年版，第20页。

一幅机械的宇宙图景，认为世界就是一架上足了发条的钟表，是一架巨型的机器，世界上的万事万物都是机器，生物是机器，人也是机器，如同法国哲学家拉美特利所说，人与动物的不同，只不过是比动物“多几个齿轮，再约几条弹簧”，它们之间“只是位置的不同和力量程度的不同，而绝对没有性质上的不同”①。(4) 认为自然事物的本质保持不变，一物永远是它原来所是的东西，所发生的变化只是位置、表面状态等非本质的改变，即只能发生机械运动。(5) 自然事物的运动变化服从机械决定论，一事物未来的走向和状态由其初始条件所唯一决定。如拉普拉斯所宣称的那样，宇宙的目前状态是过去状态的结果，同时又是今后发生着的事件的原因，无论是最大的天体运动还是最小的原子运动，都包括在同一个公式里。(6) 事物的存在和变化都发生在时间和空间之中，而时间和空间都是绝对的，与其中的物质及其运动无关，这就是绝对时空观。

2. 机械唯物主义自然观的主要特征

从上述机械唯物主义自然观的基本观点看，其对自然界的认识和把握有许多不当之处，特别是基于当今时代人们的认识水平来看更是如此。但它是在当时自然科学发展水平上所形成，具有历史必然性，同时也有重要意义，它为后来辩证唯物主义自然观的形成创造了条件。它强调自然界存在的客观性、物质性和发展的规律性，在很大程度上冲击了中世纪的宗教神学自然观。但与辩证唯物主义自然观相比，这种自然观的缺陷也是明显的，从以下三个主要特征上可以体现出来。(1) 机械性。把自然界的所有运动都看成是机械运动。但实际上，世界上的事物并不能简单地用机器来解释，生物运动，特别是人类及其意识活动，是没有办法还原为机械运动的。(2) 形而上学性。它孤立地、静止地看待自然界的事物，这显然无法解释自然界随处可见的辩证性质。(3) 不彻底性。既承认自然界的物质性，又主张自然界具有绝对不变性，这样的唯物主义观点是不彻底的，因为机械论一般会与神创论相联系。再者，它不能将唯物主义观点贯彻到人类社会，对人类社会的理解常常陷入唯心主义的泥潭。

① [法] 拉·梅特里：《人是机器》，商务印书馆 1979 年版，第 52 页。

三　近代自然科学与辩证唯物主义自然观的诞生

机械唯物主义自然观由于存在自身无法克服的缺陷，其为更新的自然观所取代是迟早的事，而取代它的便是辩证唯物主义自然观。辩证唯物主义自然观诞生于19世纪，也是与此时期自然科学的发展状况相适应的。近代自然科学在19世纪以前处在搜集材料阶段，而进入19世纪后就发展到了整理材料阶段，一大批重要的科学成果纷纷涌现出来，它们揭示出了自然界事物的辩证性质，使得辩证唯物主义自然观的诞生成为历史的必然。当然，科学成就自身不会成为自然观，需要有人来概括总结才能提升为自然观，这项工作由马克思、恩格斯来完成。当主、客观条件都具备后，辩证唯物主义自然观的诞生就顺理成章了。

（一）19世纪的科学成就

19世纪的自然科学进入整理材料阶段，当人们对搜集到的材料进行整理时，就会发现不同材料之间、不同研究对象之间、不同学科之间都存在着广泛而密切的联系。探索这种联系，就会发现许多新的自然规律，于是一大批科学新成就纷纷出现，形成了这一世纪科学发展的一个高潮，19世纪也因此被称为科学世纪。这一世纪所涌现出的科学成果，纷纷揭示出了自然界的辩证性质，在机械唯物主义自然观上打开了一个又一个缺口，为新自然观的出现打下了牢固的基础。恩格斯对这些成就进行了总结，认为它们在具有形而上学特征的旧自然观上打开了六个"突破口"①。正是这些成就起到了摧毁旧自然观、催生新自然观的作用。

1. 康德—拉普拉斯星云说

1755年，德国哲学家康德（1724—1804）出版了《自然通史与天体论》一书，在其中提出了一个关于太阳系起源的新说法，即起源于星云。太阳系原来并不是今天人们所能认识和理解的样子，而是有其起

---

① ［德］恩格斯：《自然辩证法》，人民出版社2015年版，第7页。

源、演化的历史。最初是一团星际弥漫物质，也可以粗略地叫作星云。由于存在引力作用而收缩，收缩的不均匀而引起碎裂、旋转，其中一块由于存在相同的旋转方向而成为一个整体。在边旋转边收缩的过程中，由于存在离心力作用，收缩到一定程度后，有一部分不再收缩而留在原处，最后形成行星，中心物质密集区则聚集成太阳。这一理论具有重要的科学和哲学意义。从科学方面看，它使得人们对太阳系的研究从过去只研究结构转向研究过程；而在哲学上，它提供了一个动态的演变图景，指出自然界并不像旧自然观所宣称的那样是不变的，因而它是对机械唯物论自然观形而上学观点的一次有力冲击，正像恩格斯所说，它在“僵化的自然观上打开第一个突破口”①。

受各种历史条件的限制，康德的学说起初并没有引起人们的重视，被埋没达40多年之久，直至1796年法国科学家拉普拉斯《宇宙体系论》一书出版，在其中也提出了与康德类似的星云说，才使得人们认识到这一学说的重要意义。虽比康德提出星云说要晚很多，但因为它也是拉普拉斯个人所独创，人们仍给予他足够尊重，将这一学说称为康德—拉普拉斯星云说。这一理论成就所揭示出的太阳系的缓慢演化图景，是对自然界辩证性质的全新揭示，因而是对旧的机械唯物论自然观的有力冲击。

2. 有机化学制造出有机体，人工合成尿素

1828年，德国科学家维勒发表《论尿素的人工合成》一文，宣告以无机物为原料，在实验室中用普通化学方法人工合成了有机物尿素。这一成果表明，无机界和有机界是有着内在联系的统一整体，而从前所认为二者之间存在一条不可逾越的鸿沟，这样的形而上学观点是错误的。这显然是对旧自然观基本观点的有力冲击。

3. 地质渐变论

1830年，英国地质学家赖尔的《地质学原理》一书出版，系统提出了地质渐变论。在此之前，地质学领域中灾变论观点占据主流，认为地球本身一成不变，其内部构造中的分层现象是由于外在的神秘力量所引起的短时间内的灾变。赖尔认为，地质变化的原因不是什么外在的超

① ［德］恩格斯：《自然辩证法》，人民出版社2015年版，第14页。

自然的力量，而是地球本身的最为平常的力量，如风、雨、温度、潮汐、火山、地震等，它们的作用使地壳本身不断发生缓慢变化，从而形成不同地质分层。这样，赖尔的地质渐变论在冲击了形而上学观点的同时，还在一定程度上驱逐了神秘主义。恩格斯对此给予了高度评价，他说："最初把知性带进地质学的是赖尔，因为他以地球的缓慢变化所产生的渐进作用，取代了由于造物主一时兴动而引起的突然变革。"①

4. 细胞学说的创立

这项科学成就也被称为细胞的发现，恩格斯将其与能量守恒定律、生物进化论并称为 19 世纪自然科学具有决定性重要意义的"三大发现"②。在科学史上，人们一般将细胞的发现归功于 17 世纪的英国科学家胡克，他于 1665 年出版《显微术》一书，其中记录了他发现植物细胞的事情。但胡克只是对植物细胞在显微镜下的形态进行了描述，没有提出关于细胞的系统理论，而完成这项工作的是两位德国科学家施莱登和施旺。1838 年，施莱登发表《关于论植物起源的资料》一文，认为自然界的所有植物，外表看来千差万别，但它们都是由相同的单元所组成，这种单元就是细胞。施莱登所做的工作，实际上是在细胞水平上统一了植物界。1839 年，施旺发表《关于动物与植物结构和生长类似性的显微镜研究》一文，进一步指出，包括动物在内，所有生物都是由细胞构成的。这一成果则是在细胞水平上统一了整个生命界。细胞学说的创立，揭示了有机体统一的物质基础和发生发展的奥秘，消除了动物界和植物界的鸿沟，揭示出了动植物结构和发展的统一性。

5. 能量守恒与转化定律的发现

19 世纪中期，包括德国人迈尔、英国人焦耳、德国人赫尔姆赫兹在内的十多位科学家在十多年的时间里，在各不相同的学科领域里用不同的方法发现了这一定律。这一定律指出：自然界中的各种能量形式，诸如热能、机械能、化学能、电能、光能、生物能等等，虽然看起来很不相同，但它们具有共同的本质，可以按照固定的当量关系相互转化。这一定律有力证明了宇宙中的一切运动既不能创造也不能消灭，其相互间

① ［德］恩格斯：《自然辩证法》，人民出版社 2015 年版，第 16 页。
② ［德］恩格斯：《自然辩证法》，人民出版社 2015 年版，第 65 页。

存在着必然的转化关系。原来被认为是互不联系的各种力，不过是自然界各种运动形式的表现形态或方式。这就从能量的角度解释了世界的关联性和统一性，又一次揭示了自然界的辩证性质。

6. 生物进化论

1859 年，英国博物学家达尔文的《物种起源》一书出版，系统提出了以自然选择为基础的生物进化理论。按照这一理论，自然界中的任何物种，都是在自然选择的作用下，依靠遗传与变异的矛盾斗争，经极为漫长的历史时期的演化而成为目前这样的状态。这一理论推翻了那种把动植物物种看作彼此毫无联系的、偶然的、神造的、不变的东西的观点，真正让生物学奠基于完全科学的基础上。

除了恩格斯所总结的上述六个方面的科学成就，19 世纪还有许多科学理论，对于推动机械唯物主义自然观向辩证唯物主义自然观发展起到了重要作用，其中最具代表性的是以下两项。

7. 电磁理论的建立

1865 年，英国科学家麦克斯韦发表了《电磁场的动力学理论》一文，在总结前人研究成果的基础上，提出了以麦克斯韦方程组为核心的描述电磁场运动变化规律的电磁场理论，将电、磁和光统一到一个完整的理论体系中。一种理论可以将原来认为互不相关的自然现象联系起来，这显然是旧自然观的形而上学观点所不能容纳的，于是形成了对旧自然观的冲击。电磁理论的建立被称为近代物理学的第三次大综合，它奠定了经典电磁学的理论基础。

8. 元素周期律的发现

元素周期律是指物质元素的性质随原子序数的增加呈现周期性变化的规律。一般认为元素周期律是由俄国科学家门捷列夫在 1869 第一次完整地提出来的。在元素周期律发现之前，人们是在盲目偶然的探索中发现元素的，而自从有了元素周期律的指导，人们就可以有计划、有目的地预测和寻找新元素。元素周期律是整个化学的理论基础，是把化学和原子物理学联系起来的纽带。元素周期律在哲学上也有重要的意义，它用科学事实证明了世界万物的统一性、联系性及由量变引起质变的客观规律。恩格斯高度评价这一贡献："门捷列夫通过——不自觉地——应用黑格尔的量转化为质的规律，完成了科学上的一个勋业，这一勋业，足以同勒维烈计算出尚未见过的行星海王星的轨道的勋业媲美。”①

（二）辩证唯物主义自然观的内容及其特征

19 世纪的科学发展高潮时期，有了上述一系列重大科学成就，使得“自然界的主要过程就得到了说明，就被归之于自然的原因”②。自然界的辩证性质被越来越深刻地揭示出来，使得机械唯物主义自然观无法存在下去，辩证唯物主义自然观的诞生成为历史的必然。马克思、恩格斯全面、系统、深刻地总结和概括了这些科学成就，批判地吸取了前人特别是黑格尔自然哲学的合理内核，创立了辩证唯物的马克思主义自然观。

1. 辩证唯物主义自然观的基本内容

马克思主义的辩证唯物主义自然观，将自然界、人类和社会历史统一起来，看成是一个统一的自然历史过程，遵循着统一的客观辩证法的规律，用彻底的唯物论原则把它们作为统一的物质世界加以考察，这是马克思主义自然观区别于以往自然观的重要特点。具体说来，辩证唯物主义自然观的基本观点可概括为：（1）物质观。认为自然界是物质的，这样的认识是唯物论的观点，自然界中除了物质的具体表现形式，没有其他的东西。(2）运动观。认为自然界中的各种物质形态处于永恒的运动、变化、发展过程中，没有无运动的物质，也没有无物质的运动；运动在质上和量上都是不变的，运动守恒。(3）意识观。意识是自然物质世界长期发展的结果，是人脑的属性和机能，不是什么特殊的、神秘的东西。(4）时空观。时间、空间与物质运动紧密相连，是物质的固有属性和存在方式。有什么样的物质存在方式和运动方式，就有什么样的时间和空间，物质存在和运动具有本原性，而时间和空间则具有派生性。(5）辩证法。自然界的一切事物和现象都是矛盾的统一体，矛盾的方面既对立又统一，在一定条件下向对方转化，由此推动自然界的运动和发展；自然界的一切事物都处在普遍联系和相互作用之中，处于永恒的产生和消亡之中。(6）人与自然的关系。人是自然界长期发展的产物，是

① ［德］恩格斯：《自然辩证法》，人民出版社 2015 年版，第 81 页。
② ［德］恩格斯：《自然辩证法》，人民出版社 2015 年版，第 66 页。

自然物质的高层次提升，人依靠主观能动性摆脱了在自然界中的被动状态，可以主动、能动地作用于自然，对自然进行认识和改造，于是出现了一个不同于“纯自然”的“人化自然”，由此产生了人与自然的全新关系。

2. 辩证唯物主义自然观的基本特征

由辩证唯物主义自然观的基本内容出发，可以概括出它的四个方面的基本特征，可称之为“四个统一”。（1）唯物论与辩证法的统一。以前的各种自然观不乏合理成分，如古代朴素自然观，既有唯物论倾向，又有辩证法倾向，但在它身上两者是割裂的；近代机械唯物主义自然观，虽然将唯物论包含于自身，但它是形而上学的。只有辩证唯物主义自然观才真正实现了两者的结合。（2）自然史与人类史的统一。辩证唯物主义自然观把自然界、人类社会的发展统一起来，看成是一个统一的自然历史过程，遵循统一的辩证法规律，改变了以往人们在看待自然界时尚能以唯物论立场、而看待人类社会时就陷入唯心主义的状况。（3）天然自然与人化自然的统一。以往所形成的自然观，基本上是人站在自然之外看自然，而辩证唯物主义自然观心目中的自然界，是包括了人类参与其中的人化的自然界，这是人类认识自然界过程的一次重大飞跃。（4）人与自然的关系是能动性与受动性的统一。能动性是人的本质力量的体现，人不满足于自然界所提供的现成的东西，而主动地去改变它；受动性表现为人有依附于自然的一方面，即要受自然规律的制约，不能违背自然规律而发挥能动性。这种统一包括两方面内容：受动性是基础，能动性是主导。受动性限定了能动性起作用的范围、程度，能动性是无法不受限制地起作用的；能动性引导着受动性在好的方面为人类所利用，使自然规律更多更好地被人类所掌握。

辩证唯物主义自然观的创立具有重大意义：（1）它是自然观发展史上的一次重大变革，是对以往自然观的全面超越。（2）它为马克思主义科学观、科学方法论、科学与社会的关系的研究奠定了理论基础。只有自然观正确，才能保证科学观正确，也才能保证从正确的观点和立场上来研究科学与社会的关系。（3）为当代科学技术的发展提供了世界观、方法论和价值论等方面的指导。（4）为自然科学与人文、社会科学的结合提供了理论依据。

问题探究

1. 古希腊自然哲学对古代朴素唯物主义自然观形成的作用是怎样的？

2. 牛顿经典力学与机械唯物主义自然观的形成存在着怎样的关系？

3. 辩证唯物主义自然观的基本观点是什么？其科学依据有哪些？

延伸阅读

1. ［德］恩格斯：《自然辩证法》，人民出版社2015年版。

2. 黄顺基等：《自然辩证法概论》，高等教育出版社2004年版。

3. ［英］W. C. 丹皮尔：《科学史及其与哲学和宗教的关系》，广西师范大学出版社2001年版。

专题一

马克思主义自然观的发展与现代意义

本专题的选题背景及意义

辩证唯物主义自然观的形成以19世纪自然科学的发展成就为基础，它是对自然界辩证性质的深刻揭示和正确认识。但是，自然观的发展不会到此而终结，伴随着20世纪爆发的现代科学革命，众多新科学成就的涌现必将推动自然观不断向前进步，辩证唯物主义自然观在保持其基本内核不变的前提下，其具体内容得以不断丰富和更新，由此形成了辩证唯物主义的系统自然观、人工自然观和生态自然观。系统自然观根植于系统科学的基础之上，揭示出自然界的系统存在和演化方式，可帮助人们形成以“系统”方式看自然的新型思路和方法。人工自然观是概括和总结人工自然界的存在状况和发展规律而形成的，它能够深化人类对自然界的认识，使自然观中人的创造性作用更加突出。生态自然观是当代人对现代生态危机进行反思的结果，其核心是强调人与自然的协调，有利于维护生态系统的稳定和发展。

马克思主义自然观即辩证唯物主义自然观，它诞生于19世纪，这一时期自然科学的迅猛发展是其重要的历史背景。正是因为19世纪的科学成就揭示出了自然界的辩证性质，才使辩证唯物主义自然观的诞生成为历史的必然。但自然科学不会停下发展的步伐，甚至有越来越快的发展趋势。伴随着现代科学革命的到来，众多现代科学新成就不断涌现，使人们对自然界的认识不断达到新高度的同时，自然观也必将发生改变。但这种改变绝不意味着马克思主义辩证唯物主义自然观的被否定，而是在吸收最新科技成果基础上的新发展，是保持辩证唯物主义自然观基本内涵基础上，新形态的形成和内容上的不断丰富。当代科学技术迅猛发展推动下的马克思主义自然观，主要形成了系统自然观、人工自然观和生态自然观三种基本形态。

一　系统自然观

系统自然观是马克思主义自然观的当代形态之一。它在系统科学发展成果基础上形成，是关于自然界的系统存在和演化规律的总观点。

（一）系统自然观的科学基础：系统科学

系统科学是现代科学发展大潮中出现的一个重要分支。与科学的其他传统学科相比较，系统科学形成了自身的显著特点，传统学科以自然界某一具体领域或事物为研究对象，并对其对象进行全方位的研究；而系统科学则不然，它研究自然界所有对象的某个具体侧面，因此又被称为横断学科。

系统科学从诞生至今，其发展历程大致可分为三个阶段，即所谓“老三论”阶段、“新三论”阶段和复杂性科学阶段。“老三论”是指控制论、信息论和一般系统论三大分支理论，它们形成于20世纪40—50年代；“新三论”通常是指耗散结构理论、协同学和突变论，形成于20世纪60—70年代；复杂性科学则包括混沌理论、分形理论以及非线性科学等分支，20世纪70年代就已出现，目前仍处在不断发展中。

在系统科学的发展进程中，形成了一些基本概念和重要原理，为人们深入认识自然事物的本质提供了更加强有力的方法和依据。就其最为基本的内容而言，大致包括五个概念和整体性原理。五个基本概念包括：（1）系统：由若干要素组成的具有特定结构和功能的有机整体；（2）要素：系统内所包含的部分、单元、成分，具有层次性、双重性等特征；(3) 结构：系统内各要素间相互联系和相互作用的类型和方式；(4) 功能：系统对外部环境发挥作用的性质、方式以及程度高低；(5) 环境：与对象系统相关联的其他各种系统的总和，包含物质、能量、信息等各方面因素。

系统科学包含多个基本原理，其中占据基础地位的基本原理是整体性原理。这一原理包括两方面基本内容：其一是整体与部分不可分割，其中又包含整体离不开部分和部分离不开整体两层含义。前者说的是，但凡能成为整体并发挥出特定功能，必由其所包含的各个部分来作为承担者，失去部分，整体功能会受损甚至全部失去；后者则指出，部分之成为部分，是因为在整体中，其功能的发挥取决于与其他部分的配合，一旦游离于整体之外，则功能不复存在。其二是整体功能大于各部分功能之和。这里涉及整体与部分的三种关系，即整体等于、小于、大于部分之和。整体等于部分之和，主要体现为质量上；整体小于或大于部分之和，则主要体现在功能上。因不同部分之间的相互掣肘而导致的整体功能降低，是无法发挥整体作用的表现，也就意味着对整体性原理的违背。只有整体功能大于各部分功能之和，才真正属于系统科学的整体性原理。那么作为系统整体，其超出部分功能之和的那部分功能从何而来？它显然不是由各部分所提供，而是出自各部分之间相互作用的关系，即结构产生新质，结构产生新功能。

系统科学的具体成果是极为丰富多彩的，且目前处于迅速发展过程中。以下从对形成自然观所发挥的作用方面，来了解和把握系统科学最为基础性的内容。

（二）系统自然观的基本内容

根植于现代系统科学的系统自然观，其最深层、最基本的内涵，在于它揭示了自然系统不仅存在着，而且演化着；不仅具有确定性，而且会自发出现难以预测的随机性；不仅是简单的而且表现出复杂性，由此深刻体现出了自然界存在与演化、确定性与随机性、简单性与复杂性的辩证统一。

1. 自然界的存在观

自然物质世界以系统的方式存在。这首先表现为自然物质形态是多样性与同一性的辩证统一。自然事物的具体形态，在某个层次或某个侧面表现出多样性，而在另一层次或其他侧面，却又表现为同一性。比如生物界，各种生物物种数以千万计，每一种都与其他的种相区别，呈现出极为复杂的多样性；但从其本质属性来看，它们又都具备同样的生命特质，因而就具有了生物这同一称谓。再比如具体到某一生物物种，每个个体都区别于其他个体，但它们都同属于这个物种。由此类推，自然界所有的存在物都是多样性与同一性的辩证统一。

其次，自然物质系统还表现为开放性、动态性、整体性、层次性等方面的系统特征。(1) 开放性。任何自然物质系统都不可能处于封闭状态，而是与外界其他系统之间进行着不间断的物质、能量和信息的交换，所不同的只是程度上的差别而已。(2) 动态性。自然界中不存在绝对静止不变的物质系统，即便是处于稳定状态的事物，也是一种动态平衡状态，所有自然事物都处于动态变化中，其区别仅在于剧烈程度有所不同。(3) 整体性。物质要素构成的自然物质系统体现出整体性特征，能产生要素自身所不具有的系统功能和综合性影响，一旦要素通过某种结构形成系统，就会出现新质，使系统整体功能大于各要素功能之和。(4) 层次性。自然物质系统存在着层次高低之分，不同层次的自然系统间存在着复杂的关系。低层系统对于高层系统而言是一种构成性关系；高层系统对于低层系统而言则是一种包含关系；在不同层次的自然系统中还存在着两条因果链条，低层系统的变化作为原因影响到高层系统的变化，称为上行因果链，反之则是下行因果链；系统层次由低到高则表现出结合度递减的规律。如拉兹洛所说："当我们从初级组织层次的微观系统走向较高层次的宏观系统，我们就是从被强有力地、牢固地结合在一起的系统走向具有较微弱和较灵活的结合能量的系统。"① 这一规律的存在，使得系统呈现出层次性，也能够使得高层系统解体时低层系统还能继续存在下去，以便形成新的高层系统。

2. 自然界的演化观

在系统自然观看来，自然物质系统不仅存在着而且演化着。首先，自然界的演化是可逆与不可逆的对立统一。所谓可逆，是某系统经某个

---

① ［美］E. 拉兹洛：《进化——广义综合理论》，社会科学文献出版社 1988 年版，第 32 页。

过程从一个状态变成另一个状态，存在着相反的过程又使系统从后来的状态恢复到以前的状态，且前后两个过程都未对环境产生影响，或是虽然产生了影响但最终影响被消除，那么前后两个过程就是互为可逆的过程，简称可逆。所谓不可逆，是不存在后一过程使系统回到最初状态，或即便是存在着后一过程使系统恢复到最初状态，但前后两过程对环境所产生的影响不能完全消除。严格看来，自然系统的演化都是不可逆的，但因某些过程所产生的环境影响很小，就人类能力和科学水平而言可以忽略不计，那么这样的过程可以视作是可逆的。通过可逆的研究，一方面可以获得某些自然系统演化的规律性，另一方面也能够获得较为复杂系统演化的相关信息，使复杂问题简单化。

其次，自然演化过程中有可能自发地实现无序到有序的转化。所谓序，通常指事物空间结构的规则性和时间延续的顺序规律性。自然系统内部各要素的空间位置呈现有规则的排列，系统的变化过程有明显的周期性，系统的行为表现出一定的关联性，都可称之为有序。反之，系统内部各要素之间混乱而无规则的组合及系统变化的无规则等，称作无序。任何系统都是有序与无序的辩证统一，自然系统也不例外。系统所具有的序的程度叫作有序度，事物和状态不同的有序度构成一系列的阶梯。系统的有序度越来越高，表现为进化；反之则是退化。自然系统的演化存在着进化和退化两个方向，两者的辩证统一，构成了自然界丰富多彩的演化图景。任何自然事物的演化过程，既非单调进化也非单调退化，而是进化与退化相互交织、不可分割地紧密相连。进化与退化都不会孤立存在，简单地用一方去否定另一方会造成对问题认识的极大偏差。因此，进化与退化是统一的自然过程的两个方面，孤立地谈进化或退化都会与自然事物本身发展的实际相背离。

自然系统进化与退化的辩证统一，主要从下述三方面体现出来。其一，两者常常是相对而言的，离开了进化也就无所谓退化；同样，没有退化，进化也无从谈起。断定一个过程是进化还是退化，只能在与其他过程的对比观照中才能作出，说某一过程是进化，只是相对于特定的事物和过程而言的，当相对于另外的事物和过程时，就不一定能得出进化的结论。同时，对进化还是退化的判断，还常常与人的价值取向相关，对于同一个变化过程，不同的人可能会作出不同的判断，有人断定为是进化过程的，其他人却不一定认同为进化。此外，人的判断还会随历史的发展而变化，一个时期内被断定为进化的过程，时过境迁后会有截然不同的断定。其二，进化与退化同存共生，进中有退，退中有进。自然系统的演化进程中，既没有不包含进化的退化，也没有不包含退化的进化。在某个方面表现出进化的倾向，必然在其他某个方面表现出退化的倾向。没有人会怀疑从猿到人是进化，但同样也没有人会怀疑这个过程中四肢的诸如攀爬、奔跑等能力在退化。就整个人类而言，其整体能力日益强大，人类社会的复杂性程度日趋提高，这当然是一种进化，但由于人类活动的范围日益扩大，使自然界所承受的压力与日俱增，带来了诸如环境污染、资源耗尽等一系列问题，这显然说明生态环境出现了退化趋势。可见，一个系统的进化，常常是以其他系统的退化为代价的；反之亦然。其三，进化与退化相互交替、相互转化，既没有永远的进化也没有永远的退化。自然系统的演化过程中，进化可以在一定条件下转为退化，退化也可以在一定条件下转为进化。无论是进化还是退化，总是需要一定条件的，但任何条件都不是一成不变的，一旦条件变化，必然会对原来的进化或退化过程产生影响和干扰，导致原来变化方向的改变，就有可能使进化转为退化，或退化转为进化。

就人类的愿望而言，总是更关注怎样才能实现进化并致力于促成进化的发生。进化意味着自然演化过程中出现了自组织现象。所谓自组织，是指自然物质系统自发地或自主地实现有序化、组织化的过程。无论从直观上还是从科学研究的实际情况看，自然界要自发地形成宏观有序绝非易事，而是需要具备很强的条件。

（1）处于开放状态，这是就系统与周围环境的关系而言的。热力学第二定律已揭示出，当一个系统处于封闭状态时，其发展趋势是内部物质及能量分布的均一化，即达到热力学平衡态。热力学平衡态是系统的熵最大的状态，此时体系的混乱度最大，无序性最高，组织程度最低，而且一经进入平衡态，便维持这个状态，不能向产生新质的状态转变。而当系统处于开放状态时，它可以与周围环境进行不间断的物质、能量交换，使系统从环境中获得负熵流以抵消自身内部的增熵，使其有序度增加，表现出自组织性。

（2）远离平衡态，这是就系统内部要素的存在状态而言的。一般而言，系统内要素的存在状态分为三种情况：平衡态、近平衡态和远离平衡态。平衡态是指系统内的要素无差别地分布，使系统呈现出一种其宏观性质不随时间变化的状态。在这样的状态下，系统每一要素的取值都是系统的平均值，因而不存在对平均值的偏离，即没有涨落。同时，外部环境的涨落对它也不起作用，因而不会产生有序结构。近平衡态是指系统内的要素虽略有差别，但其趋向是这种差别将很快消失，因而系统处于离平衡态不远的线性区。在这种状态下，内外部都可能有涨落发生，但都会被系统内要素间的线性相互作用所衰减，不能由此产生有序结构。与上面两种状态不同，远离平衡态则是指系统内的构成要素存在着明显的等级差别，导致系统可测的物理性质处于极不均匀的状态。在此状态下，系统内部的相互作用是非线性的，系统表现出对于内外干扰的高度敏感性，一个极其微小的扰动都可能被系统所响应、放大而波及整个系统，使系统向某个新的结构演化。普里高津认为："远离平衡条件下的自组织过程相当于偶然性与必然性之间、涨落和决定论法则之间的一个微妙的相互作用。"①

（3）非线性相互作用，这是就系统内各要素间的作用方式而言的。线性指的是量与量之间的正比关系，在直角坐标系中画出来是一条直线。在线性系统中，部分之和等于整体，描述线性系统的方程遵从叠加原理，即各部分的解加起来就是整体的解。而非线性则是指量与量之间非正比的复杂关系，在直角坐标系中画出来的是曲线。非线性系统中整体不等于部分之和，部分的解也不是整体的解，叠加原理失效。非线性关系表现出与线性关系极不相同的性质，它可能表现为规则运动向不规则运动的转化和跃迁，非线性系统中某个参量的极微小的变化可能在某个关节点上被放大，引起系统运动形式的根本性改变，非线性相互作用可能促使空间规整性结构的形成和维持。

（4）出现涨落，这是系统出现自组织行为的直接诱因。所谓涨落，是指系统的某个参量在平均值附近的微小变动，也可称作起伏。涨落是由组成系统的大量微观元素的无规则运动及外界环境不可控制的微观变动所引起，是一种随机的、无法预见的事件。系统处在平衡态或近平衡

---

① ［比］普里高津等：《从混沌到有序》，上海译文出版社1987年版，第223页。

态时，涨落可以使系统在宏观状态上发生暂时偏离，但这种偏离会因为系统内部的线性作用而不断衰减直至消失，使系统回归原来的状态。但当系统处在远离平衡态且内部因素的相互作用方式为非线性时，系统的一个随机微观扰动会不断被放大，涨落变成整体性的、宏观的“巨涨落”，系统进入不稳定状态，使之有可能在此后进入一个新的稳定的有序状态。

（三）系统自然观的重要意义

系统自然观是马克思主义的辩证唯物主义自然观在当今时代的新发展，它立足新的现实而出现，有深厚的科学基础，既是对自然界的深刻把握，又为人们进一步认识自然界提供了新思路。

1. 是马克思主义辩证唯物主义自然观的极大丰富和发展

系统自然观以自然界的系统性存在方式丰富了马克思主义的物质观；以进化与退化相统一的辩证演化观丰富了马克思主义的运动观和时空观；以稳定性与不稳定性、确定性与随机性相统一的认识思路丰富了马克思主义的辩证法；以系统整体性原理所理解的人与自然的关系丰富了马克思主义人与自然关系的理论。

2. 提供了一幅更深刻更全面的自然图景

系统自然观视野中的自然界，各种自然因素间联系的普遍性和复杂性得以更深刻更全面地揭示。以往对自然界的理解和把握，虽然已经建立起了普遍联系的基本观点，但在实际的研究中却往往对联系的普遍性程度，以及由此导致的复杂性程度估计不足，常常仅涉及同层次主要因素间的联系，或者是不同层次的少量因素间的单线联系。系统自然观将自然界各种因素都纳入不同类型不同层次的系统之中，在更高的程度上把握了自然界联系的普遍性及其复杂性。如果说以前人们心目中的自然图景是“天道从简”，研究活动以透过复杂现象探究简单本质为主的话，那么系统自然观所提供的自然图景就是“简繁共存”，相应的研究活动则既有透过复杂现象探索简单本质的一面，也有透过简单现象挖掘复杂本质的一面。

3. 拓展了认识和把握自然界的新思路和新方法

系统自然观把系统科学发展的不同阶段上涌现出来的众多新成果纳

入自身之中，使得人们对自然界的认识和把握有了更多的思路和方法。控制论、信息论等学科的理论成果使得人们能够把自然演化过程抽象为信息变化和信息控制过程，从而在实物化的自然图景基础上又有了一个信息化图景；耗散结构、协同学等自组织理论则提供了自然界自组织演化的可能性机制，揭示出了自然界能够实现无序到有序、不断进化的奥秘；混沌理论、分形理论等学科在一定程度上弄清楚了宏观现象背后的微观机制，为理解和研究自然界的复杂性现象提供了有效的方式方法。

4. 为建立和谐的人与自然关系提供了新依据

在系统自然观看来，人也是自然生态系统的一个因素，与其他生态因素一样参与到生态系统的复杂运动中。但由于人有主观能动性和以科学技术为依托的强大活动能力，这在很大程度上体现出不同于一般生态因素的特殊性。由于以往的人类实践活动中形成了人类中心主义的世界观，人类在自然界中的特殊地位得以凸显，其他生态因素因遭到不同程度的漠视而出现退化迹象，这又反过来影响到人类的生存与发展，这就表现为人与自然的冲突。系统自然观的思想、理论和方法，使人们有可能在重新认识人与自然关系、调整自身实践方式的基础上，重建和谐的人与自然关系。

二　人工自然观

人工自然观是以现代科学技术为基础，概括和总结人工自然界的存在状况和发展规律而形成的总观点。它是马克思主义的辩证唯物主义自然观发展的当代形式之一。

（一）人工自然观的科学基础：技术科学

技术科学是现代科学发展的一支生力军，它从根本上改变了以往科学与技术长期普遍脱节的状况，使两者成为一个无法分割的整体。作为研究技术的基本理论的科学，技术科学介于基础科学和应用科学之间，既是基础科学的特殊应用，又对应用科学有普遍的指导作用。计算机科学技术、能源科学技术、空间科学技术、材料力学、工程力学等等，都属于技术科学的分支学科。它们一方面开辟基础理论转变为生产力的方向和可能性，另一方面将生产技术的信息反馈给基础科学，促进基础科学研究的深入和发展。

技术科学的发展，实现了基础科学与应用技术的良性互动，大量现代科学成果在技术领域得以实现，在现代科学革命不断向前推进的过程中爆发了现代技术革命。大批新兴技术纷纷涌现出来并很快得到有效应用，越来越深入地改变着自然界的面貌，使天然自然日渐退缩，人工自然日益扩大。空间科学技术的发展使人类活动范围扩大到越来越遥远的外太空，借助于各种类型的航天飞行器及辅助设施，人类不仅能够获取外太空的丰富信息以供科学研究，还不断扩大外太空的实践领域，向空间索取能源，开辟太空生产领域，甚至探讨向太空移民的可能性；海洋科学技术的发展和应用，在越来越大的程度上改变了原始海洋的面貌，海洋早已经成为仅次于陆地的人类活动的第二环境（陆地、海洋、大气层和外层空间被称为人类的第一、第二、第三和第四环境）[①]，海洋开发活动在今天更是从海底、海面到海空全面展开，除了向海洋要资源，还可以向它要空间，使其逐步成为人类的宜居场所；信息科学技术被认为是现代科学技术革命的主要标志，是科学技术现代水平的测量器，它在人类社会生活的各个方面都得到广泛应用，促成了信息时代的来临，在信息科学技术的全面渗透下，在社会不断信息化的同时，自然也在越来越大的程度上实现了信息化；生物科学技术是包括遗传工程、细胞工程、酶工程、发酵工程、蛋白质工程等在内的综合性科学技术体系，它们的发展和应用带来了生命界的颠覆性改变，不但在越来越广泛的范围内改变了物种的形态、性状，还可以创造出自然界原本不存在的新物种；能源科学技术是关注于能源的开发、利用和节约的手段与方法的综合性体系，它在煤炭和石油等传统能源上的目标是清洁和节约，而对于新能源则是开拓出更广阔的来源和应用前景；材料科学技术也是一个综合性极强的技术体系，面对传统材料，其主要目标是提高利用效率和扩展功能，而面对新型材料，其主要目标则是研发更多类型、功能更强的新材料，材料科学技术的发展和应用，在很大程度上扩展

① 宋健：《现代科学技术基础知识》，科学出版社 1994 年版，第 248 页。

了人工世界的范围。

上述技术科学的主要分支学科，目前仍在迅速发展的进程当中，它们在不断取得一系列理论成果的同时，也在不断通过更广泛的应用和商品化，创造出数量更多、功能更强大的新型技术产品。这些物质化的技术产品充斥于人类生活，使得人类在越来越高的程度上处于人工创造物的世界中，与人类相联系的自然界，也越来越趋向人工化。这种状况的存在和加剧，必然促成人工自然观的形成。

（二）人工自然观的基本观点及其主要特征

人工自然观的基本观点可以概括为下述几个方面：（1）人工自然界是人类运用科学技术创造出来的系统自然界，它反映了人的目的性、实践性和价值追求。人工自然界的任何事物都不会是盲目随意创造出来的，而是需要与人类的整体实践水平相适应，要有明确的目的，满足人类的某种价值追求才能够创造出来。（2）人工自然界在天然自然界基础上形成，并与天然自然界进行着不间断的物质、能量和信息的交换。人工自然深刻地影响着天然自然，但总会有人工自然所无法影响到的天然自然存在；天然自然似乎越来越远去，但即便是在人工自然中天然自然的因素也是无处不在。（3）如同天然自然界一样，人工自然界一旦形成，其内部也可以出现“自复制”“自催化”“自反馈”等机制，因而也可以实现从简单到复杂、从低级到高级的“螺旋式”上升，并且它还与天然自然物协同作用、协同演化。（4）人工自然界也遵循自然和社会的发展规律，因而尊重自然、顺应自然、保护自然的生态文明理念对于人工自然界也是适用的，人类也需要与人工自然界和谐共处，也需要创建生态型人工自然界。

与上述基本观点相适应，人工自然观具有以下主要特征：（1）主体性。主体性是指人在实践过程中表现出来的能力、作用及地位，即人的自主、主动、能动、自由、有目的的活动的地位和特性。人工自然界既然与人运用科学技术的创造活动有关，其中必然会凸显出人的主体地位。同时，对人的主体地位进行反思，可以促成从主、客对立向两者的和谐转变。（2）能动性。能动性指的是人所具有的自觉努力、积极活动的特征，是人在认识世界和改造世界中有目的、有计划、积极主动的活动能力。人工自然界是人与自然交往中能动性的最好体现，人还能够对自身能动性的发挥进行反思，从而促成由能动性与受动性的对立转向两者间的统一。(3) 价值性。价值性通常可以理解为有用性，是人类按照对自身有用、即满足自身需要的标准展开创造活动，使对象有利于人类的生存和发展。人工自然界显然是建基于人类对自然界的价值诉求，同样，人也要对自身的价值诉求进行反思，由此使自然界的内在价值与人类自身的价值由对立走向统一。

（三）人工自然观的重要意义

人工自然观也是马克思主义的辩证唯物主义自然观在当今时代的新发展形式之一，它既有技术科学发展的最新成就作为基础，又以广阔的现实自然状况为依据。它的形成具有重要的理论和现实意义。

1. 丰富和发展了历史唯物主义自然观

历史唯物主义自然观是指在历史唯物主义视野下，对人—自然—社会历史的交互关系进行的系统性阐释，它深刻揭示了自然的社会历史性质。人工自然观研究人类改造自然界的实践活动，关注体现人的本质力量对象化的创造领域，论证了自然界的现实性和“社会—历史”性，从而超越了以往认识狭义天然自然界的范围，拓展了自然观的研究领域。

2. 实现了唯物论、辩证法、实践论和价值论的统一

人工自然观关于主体与客体、能动性与受动性、自然史与人类史、自然界内在价值与人类自身价值的辩证关系的论证，克服了近代唯物主义经验论和唯心主义思辨的固有缺陷，实现了唯物论、辩证法、实践论和价值论的统一，凸显了马克思主义自然观的能动性、实践性和革命性特征。

3. 有助于实现人工自然界和天然自然界的统一

人工自然观主张，创建人工自然界要遵循自然和社会规律，尊重人文价值，这体现了人与自然是生命共同体的重要理念。人类创建人工自然界，其出发点绝非随心所欲和满足一己私欲，也绝非鼠目寸光和追求短期利益，更不是要用人工自然界去取代天然自然界，而是强调人工自然界的生态化，从而使其与天然自然界和谐共存。

三　生态自然观

生态自然观是在现代科学发展基础上，概括和总结生态自然界的存在状况和发展规律所形成的总的观点。它是马克思主义自然观发展的当代形态之一。

（一）生态自然观的现实根源和科学基础

生态自然观诞生于20世纪中叶以后，当时正是全球性“生态危机”严重威胁着人类生存与发展的时候。与此相联系，生态科学受到了人们的普遍关注，获得了迅速的发展。于是生态危机和生态科学就成为生态自然观形成的现实根源和科学基础。

1. 现实基础：生态危机

所谓生态危机，是指由于人类不合理的活动，给生态系统造成了超出其自身修复能力的危害，使之濒临崩溃或瓦解，进而威胁人类生存和发展的状况。“我们必须进一步认识到生态平衡面临严重的情况，即我们的环境阻力正在因过度砍伐、森林火灾、过度放牧、不良耕作法、种植过度、土地结构崩溃、地下水降低、野生动物灭绝等原因而迅速增加。”① 生态危机在国际社会通常被纳入“全球问题”加以研究，所谓“全球问题”，是指那些能在现在或将来导致“人类困境”的若干重大问题，生态危机在全球问题中最具代表性。

生态危机的表现，主要包括人口激增、资源耗竭和环境污染等方面。

（1）人口激增。人口数量的过快增长形成了其与环境容量的尖锐矛盾。人口增加，必须开发更多的土地、森林、草地和渔场，开发更多的水资源、能源和地下矿藏，而地球表面的上述生态资源是有限的，对其需求和开发力度的不断加大，必然会使生态系统的压力越来越大。人口问题不仅单纯表现在数量的快速增长上，还有一个重要方面是发展的不

---

① ［美］福格特：《生存之路》，商务印书馆1981年版，第252—253页。

平衡，主要表现是发展中国家的人口增长比发达国家快得多。人口剧增对于发展中国家来说无疑是雪上加霜，因为这不仅加大了对多种资源如食物、水及各种矿产品等的需求量，加速了资源的消耗，而且还导致资金积累的减少、人类素质的低下，阻碍科技与经济的进步，南北差距越拉越大。

（2）自然资源消耗和短缺。由于人口增长、工业发展及社会生活城市化进程的加快，导致自然资源和能源的过度消耗，人类面临着日益严重的资源危机。这突出表现在耕地、淡水、森林及矿物性能源等方面。耕地作为最重要的农业资源，日益受到沙漠化的威胁，每年都有数百万公顷土地沦为沙漠；淡水资源本身的有限性及天气干旱、水体污染和过量消耗等原因，使得水荒正日益逼近，水荒和水污染是紧紧连在一起的，水荒越严重，污染也就越严重，污染越严重，水就会更“荒”，由此形成恶性循环；由于乱砍滥伐、火灾频发等原因，森林资源也处在危机之中，随着森林资源的加速减少甚至消失，大量的动植物资源也将消失。能源方面，由于煤、石油等矿物性燃料的消耗剧增，能源耗竭正日趋临近，人们为能源问题的日益突出而忧虑。

（3）环境污染。生态环境是指地球上的大气圈、水圈、土壤岩石圈、生物圈等共同组成的生命维持系统。由于污染不断加剧，全球范围的环境问题日趋严重。环境污染的具体情况非常复杂，种类繁多，其中最为引人关注的是温室效应、酸雨蔓延和臭氧层损耗三个方面。一是温室效应。人类生产和生活中所排出的“温室气体”有许多具有使大气升温的作用，最典型的是二氧化碳。它们在大气中浓度的增加将导致全球范围的气候变暖，这就是所谓的“温室效应”。随着人口的迅速增加和工业的不断发展，排放到大气中的温室气体越来越多，从而使温室效应越来越强，全球气温出现了不断升高的趋势，而这就会导致两极的冰川大面积融化，海平面会因此上升；还会导致生态系统的破坏，反常气候频繁出现。二是酸雨蔓延。酸雨是指由于消耗能源所产生的硫氧化物和氮氧化物排入空中，和空气中的水汽相结合所产生的含有过量酸性物质的降雨。研究表明，酸雨不仅会腐蚀建筑物和文物古迹，加速金属、石料、涂层等的风化，降低林木抗病虫害的能力，而且还会造成湖泊、河流酸化，导致鱼类等水生生物减少甚至灭绝。酸雨因其严重危害而被称为“空中死神”，日益受到全世界范围的关注，但要找到解决这一难题的有效办法却很困难。三是臭氧层损耗。臭氧层存在于距离地面约 22 公里高的平流层中，其主要作用在于阻挡住了来自太阳的绝大部分的紫外线。紫外线具有极强的穿透力，如果任由其直射地球表面，就会杀死地球上的一切生物。由此可见，臭氧层实际上是地球的一顶天然保护伞，它的存在使地球上各种生物现象得以维持。但臭氧作为一种普通的化学物质，可以与其他化学物质发生反应。因此，人类生产生活排放到大气中的氟利昂等气体，有可能导致臭氧层稀释，从而失去阻挡紫外线的能力。科学家数十年来的反复考察研究表明，地球上空的臭氧层整体上有变薄的趋势，在南极等部分地区上空还出现了臭氧层空洞。这不免会使人们担忧，若无法及时有效地保护臭氧层，太阳越来越强的紫外辐射将对人类和其他生物的健康造成严重危害。

可见，人“通过他所作出的改变来使自然界为自己的目的服务，来支配自然界”，但我们人类所取得的每一次对自然界的胜利，“自然界都对我们进行报复”①，由此而形成生态危机。面对日趋严重的生态危机，人类不得不进行深刻的反思。逐步认识到，生态危机实际是人与自然关系的危机，是传统生产方式追求物质利益最大化而忽视生态环境的必然结果。由此出发，人们意识到必须重建人与自然的关系，生态自然观的形成就具有了历史必然性。

2. 科学基础：生态科学

生态学原本是一门研究动植物与其生活环境相互关系的科学，是生物学的主要分科之一。20 世纪中叶以来，由于世界范围的人口、资源和环境问题日益尖锐，以及系统科学和环境科学的发展，生态学扩展到人类生活和社会活动方面，把人类这一生物物种也纳入生态系统中，来研究人与环境（包括自然环境和生活环境）的关系及其相互作用的规律。于是，生态学变成了一门关于人类的“生存之科学”。现代生态科学的发展，特别是人类生态学的研究彰显了人在生态系统中的位置，具体而生动地体现了人与自然的关系。

（1）人在生态系统中处于杂食性消费者的生态位上。人类作为大自

---

① ［德］恩格斯：《自然辩证法》，人民出版社 2015 年版，第 313 页。

然链条中的重要一环，在由动物、植物和微生物所组成的金字塔形的食物链中，与其他动物一起共同消费自然界的水、空气、阳光、植物等生活资料。但人类是具有主观能动性的，其消费与其他动物的消费有着本质的区别。人类的消费是建立在一定社会关系中以改造自然为目的的高级消费。人类的消费方式、方法、范围和质量与其改造自然的方式、方法和结果有着直接的联系。如恩格斯所述："只有人能够做到给自然界打上自己的印记，因为他们不仅迁移动植物，而且也改变了他们的居住地的面貌、气候，甚至还改变了动植物本身，以致他们活动的结果只能和地球的普遍灭亡一起消失。"① 由人类改造自然时的盲目和无序造成的生态失衡和环境破坏，其恶果还是要人类自身来承受并终将危及人类自身的生存。

（2）人还是生态系统的调控者和协同进化者。人类出现以前和出现之后一个相当长时期内，生态系统是靠自然调节机制来调节的。当生态系统陷于无序状态时，会通过自我调节达到新的有序状态。但是人类社会对自然资源大规模无限制地开掘滥用，尤其是工业社会对自然环境的污染，使大自然疲于应付，单靠生态系统的自我调节机制便难以恢复正常状态了。人作为生态系统的调控者，其调控的现实对象是人类与自然界的相互影响，即人以自身的活动来引起、调整和控制人与自然的物质变换的过程。所谓人与自然的协同进化，即是说在人与自然的相互作用中，两者都必须对这种相互作用发生特定的进化变化。也就是说，两者通过相互依赖的合作关系，通过相互之间的适应性选择和制约，在人类创造自己社会历史的同时，维护地球健全的生态系统，不断提高生态系统的生命维持能力。

生态科学所提供的整体观念、循环观念、平衡观念和多样性观念，以及它所揭示出的生态规律，构成了生态自然观的重要理念和科学根据。

（二）生态自然观的基本观点

生态自然观既包含着生态科学所提供的重要思想内容，也包含着对

① ［德］恩格斯：《自然辩证法》，人民出版社 2015 年版，第 22 页。

全球性生态危机的深刻反思。其基本观点可以概括为下述几个方面：

1. 生态系统是生命系统

生态系统是生物系统和环境系统共同组成的自然整体，是以生命的维持、生长、发育和演替为主要内容的活生生的系统。生物圈也就是生态圈，因为它普遍存在着生命现象。在整个生物圈中，森林、草原、海洋等地带有大量的生物生存，即使是貌似无生命的荒漠和冻土带中，也有生命存在，分别构成沙漠生态系统和苔藓生态系统。因此，生态系统的平衡、破坏和演化，都是围绕生命物质来进行的。生态系统的活力是生态系统本身所固有的。

2. 生态系统具有显著的整体性

生态系统就是各个相互关联的部分有机构成的一张生命之网，无论哪一个环节出了问题，都会对整个系统产生重大的影响。生态系统的整体性主要表现在两个方面：一是生物与非生物之间构成了一个有机的整体，离开了各种非生物因素所构成的环境，生物就无法生存，也就无所谓生态系统；二是每一种生物物种都占据着特定的生态位置，各种生物之间以食物关系构成了相互依赖的食物链或食物网，其中任何一个环节出现问题，都会影响整个生命系统的生存。

3. 生态系统是自组织的开放系统

生物系统与环境系统的相互作用、相互关联，主要由来自太阳的辐射能量来维持。外来能量的输入及其在系统内的流动、消耗、转化，形成了生态系统复杂的反馈机制，使系统具有自我调控、保持平衡的能力。

4. 生态系统是动态平衡系统

生态系统的动态过程由系统内的物质运动决定。系统内的物质和输入系统的能量从植物的光合作用开始循环和转化，植物通过光合作用由无机元素合成的有机物质，经草食动物、肉食动物一级一级地转移，组成食物链，物质和能量从一种生物传递到另一种生物，最后被微生物分解为简单的化合物和元素，再回到环境中。这种循环和转化构成了生态系统不断发展和演化的动态过程。

5. 生态平衡是稳定性与变动性相统一的平衡

维护生态平衡不只是保持其原来的稳定状态，不是单纯地消极适应和回归自然，而是遵循生态规律，自觉地积极保护自然。认为人类对生态系统的任何干预都是在破坏生态平衡，这样的观点是站不住脚的。当人们运用生态平衡的规律时，不必要也不可能完全不去打破生态系统的原有平衡。生态系统在人为的有益影响下，可以建立新的平衡，达到更合理的结构、更高的效能和更好的生态效益。

总体而言，生态自然观主张把人的角色从大地共同体的征服者变成为共同体的普通成员与公民，强调生态系统是一个由相互依赖的各部分组成的共同体，人则是这个共同体的平等的一员和公民，人类和大自然的其他构成者在生态上是平等的；人类不仅要尊重生命共同体中的其他伙伴，而且要尊重共同体本身；任何一种行为，只有当它有助于保护生命共同体和谐、稳定和美丽时，才是可取的。总之，人与自然之间要协调发展、共同进化。

（三）生态自然观的重要意义

生态自然观是从马克思主义基本原理出发，在解决现实生态问题的过程中形成的，它必然要立足现实和针对现实问题，因而具有重要的理论和现实意义。

1. 生态自然观是对马克思主义自然观的丰富和发展

它倡导系统思维方式，把人与自然的关系纳入自然系统整体中来考察；它强调发挥人的主体创造性，要求人要积极主动地调控人与自然的关系，使之逐步走向和谐；它强化人与自然界协调发展的生态意识，促进了马克思主义自然观在认识人类与生态系统关系方面的发展。

2. 生态自然观有助于对新发展理念的深入理解

新发展理念包括创新、协调、绿色、开放、共享，它们旨在解决发展的动力问题、不平衡问题、人与自然和谐问题、内外联动问题和社会公平正义问题。它们彼此之间“相互贯通、相互促进，是具有内在联系的集合体”①。而生态自然观强调人与生态系统的和谐发展，有助于人们以新理念引领新发展，一方面是努力促进发展，另一方面是时刻牢记资源节约和环境保护。

---

① 《习近平谈治国理政》第2卷，外文出版社2017年版，第200页。

3. 生态自然观有助于生态文明建设

在生态自然观指导下，生态文明以实现人与自然和谐发展为宗旨，强调人类与自然环境的共同发展，在维持自然界再生产的基础上进行经济再生产。生态文明包含着三个既相互区别又相互联系的层面：一是物质生产层面。生态文明的主导产业是生态产业，即以生态化为目标的农业、工业、信息业与服务业。其核心是维护"自然—社会—经济"生态平衡的基础产业——生态农业。二是社会制度层面。生态文明是在上述物质生产的基础上建立起来的新兴的社会制度。从政治、经济、法律、伦理、教育等方面规范和约束人们的行为；为维护良好的自然生态环境建立相应的法规和机构，以协调和解决在环境保护中的人与人的关系。三是思想观念层面。生态文明的思想观念的核心要素是思维方式与价值观念的生态化思想。在思维方式上，要打破工业化的思维方式，因为它总是把注意力集中在工业的发展上，而不考虑生态化问题。在价值观念上，要破除把经济价值凌驾于社会价值与生态价值之上的工业文明的价值观，也要破除那种认为工业增值大、农业增值小的不当观念。

系统自然观、人工自然观和生态自然观之间存在着密切的关系。(1) 它们都围绕人与自然关系的主题，丰富和发展了马克思主义自然观的本体论、认识论和方法论；它们都坚持人类与自然界、人工自然界与天然自然界、人与生态系统的辩证统一，都为贯彻落实新发展理念和生态文明建设奠定了理论基础。(2) 它们在研究人与自然界的关系方面各有其侧重点：系统自然观为正确认识和处理人与自然界的关系提供了新的思维方式；人工自然观突出并反思了人的主体性和创造性；生态自然观站在人类文明的立场，强调了人与自然界的协调发展和生态文明建设。(3) 它们在研究人与自然界的关系方面相互关联：系统自然观通过系统思维方式，为人工自然观和生态自然观提供了方法论基础；人工自然观通过突出人的主体性和实践性，为系统自然观和生态自然观提供了认识论基础；生态自然观通过强调人与自然界的统一性、协调性的关系，为系统自然观和人工自然观指明了发展方向和目标。

问题探究

1. 自然界的物质系统、自然科学的系统理论和辩证唯物主义系统自然观的关系是怎样的？

2. 天然自然与人工自然之间存在着怎样的关系？

3. 生态自然观与可持续发展的关系是怎样的？中国可持续发展的前景怎样？

延伸阅读

1. 黄顺基等：《自然辩证法概论》，高等教育出版社 2004 年版。

2. 刘大椿：《科学技术哲学导论》（第 2 版），中国人民大学出版社 2005 年版。

3.《习近平谈治国理政》第 2 卷，外文出版社 2017 年版。

专 题 三

马克思、恩格斯科学技术思想

本专题的选题背景及意义

马克思、恩格斯科学技术思想是马克思主义理论的重要组成部分，随着社会的发展而不断完善。马克思、恩格斯立足于人本主义的角度，深入考察了科学技术的本质及科学、技术与社会之间的关系，形成了丰富完善的科学技术思想，这对之后的科学技术相关理论的产生与发展影响巨大。科学技术是推动历史发展的重要动力，研究马克思、恩格斯的科学技术思想，具有重要的理论和实践意义。

一种理论的产生受到多种因素影响，不仅仅是在前人的理论与实践的基础上产生发展的，也会受到其所在时代的理论与实践的影响。马克思、恩格斯的科学技术思想产生于历史唯物主义的发展过程中，其发展也在不断丰富着历史唯物主义。马克思、恩格斯汲取了以往的理论与实践的经验，并在其特殊的时代背景下，产生了独特且系统的科学技术思想。

一　科学技术思想的产生背景

马克思主义科学技术思想产生既有其时代与社会背景，也有其科学技术基础与思想背景。

（一）科学技术的飞速发展

文艺复兴之后，人们从封建神学中挣脱出来，科学技术的发展以及其带来的巨大影响力，使得人类对周围世界的认识更加客观，逐渐从形而上的思维模式中走了出来，从以“神”为中心解释范式到以“人”为中心解释范式，人们被束缚的思维得以解放，开始以自由的思维与视角审视世界，以更加辩证的思维去看待世界，从而更加重视科学技术研究。

这一时期，人们认为，知识是指以科学技术为代表的真知识，主张知识是推动人类进步的有力工具，只有掌握了这些知识才能够实现人类的长久发展。人类逐渐意识到，科学技术知识的重要性是无法比拟的，只有掌握知识，人们才能够丰富自身的头脑与能力，才能对自然与社会深入认识，进一步改造世界为人类谋取福利。“日心说”、牛顿的经典力学体系、蒸汽机的改进等，都体现着这一时期科学技术的飞速发展。对马克思主义理论具有重要影响的三大理论——细胞学说、能量守恒定律和生物进化论，也在这一背景下产生。

科学的发展使科学作为一种新的权威取代了以往的神学权威，人们开始服从科学规律。基于科学技术成为改变世界的巨大力量，人们在社会科学领域也积极运用科学方法和理性思维，在实验的基础上进行研究。这不仅推动了人类和社会的发展，打破了传统霸权和封建神学的束缚，而且为人类认识与解释自然和社会提供了研究方法。科学的发展也为马克思、恩格斯的科学技术思想提供了研究的问题和材料，影响着马克思、恩格斯的研究视角和研究方法。

同时，随着科学技术的发展，科学技术在资本主义社会的广泛应用，使得工人不断受到压榨。糟糕的工作环境，低水平的工资，越来越多的人失业……科学技术的发展并没有达到解放人类的目的，反而在资本主义制度下束缚着人的全面发展，导致社会矛盾不断激化。

（二）马克思、恩格斯所处时代的资本主义发展

一方面，从经济角度来看，18 世纪、19 世纪的第一次和第二次科技革命的发生，将人们带入历史新纪元，科学技术的发展使人类的物质

财富在飞速增长，生产方式与生产关系也发生了转变。科学技术和生产力之间的关系越来越密切，资本主义的发展所带来的自然、社会等各种变化推动了马克思、恩格斯的科学技术研究，影响了马克思、恩格斯研究的视野与高度。

另一方面，从政治角度来看，经济发展，也带来了政治领域的变化发展。17、18 世纪欧洲、北美等地都爆发了资本主义革命，封建势力逐渐式微，资产阶级逐渐掌握权力，登上历史舞台，确立了资本主义制度，但是在其成为统治阶级之后，并没有给工人带来其承诺的自由与民主，而是不断剥削、压榨人民，以实现最大利益追求。在资本主义制度下，社会逐渐分化为两大阶级——财富不断累积的资产阶级和贫穷不断累积的无产阶级，两者之间的矛盾与冲突越来越激烈，无产阶级不断受到资产阶级的压榨与剥削，只能通过工人运动以反抗资产阶级，但由于其缺乏理论指导，三次工人运动皆以失败告终。马克思、恩格斯参加并领导工人运动，在理论和实践上对资本主义进行了深入的研究，揭示了资本主义制度和资本主义制度下的社会与人的各种不合理现象，并进行了具体的分析，形成了系统的科学技术思想。

（三）基础研究成果

马克思、恩格斯的科学技术思想是其自然辩证法的重要组成部分，在建立自然辩证法时，正值 19 世纪下半叶人类历史的重大转折时期，统治自然科学的形而上的自然观随着科学技术的发展，产生了许多问题。自然科学逐渐从经验领域走向理论领域，科学技术自身的辩证性与机械论自然观之间的矛盾越来越激烈，机械论的衰落带来了科学技术应当建立在何种基础之上才能实现永续发展的问题。马克思、恩格斯通过对德国古典哲学、形而上学的思维方式进行了批判分析，对劳动、人类社会以及他们之间的关系进行研究，提出了以下四个基本观点。

劳动使得人与其他动物彻底区别开来。人类只有从事劳动，才能够创造历史，如果想要满足生活需求，则需要与自然进行物质交换，即进行物质生产活动，使社会形式发生变化。劳动工具是人类能够进行物质生产活动，以满足生活需求的重要手段。人类创造了劳动工具，才将自身与其他动物区分开来，进行物质生产活动以能够生活，最终才能够创造历史。

生产工具革新是社会发展的重要体现。科学技术不断物化，以科学技术为基础的机器取代了以经验为基础的手工工具。不同的劳动工具划分了不同的历史时代，因为工具是人类创造出来的人的器官的延伸，承载着时代的要求。为满足新的要求而不断进化，只有在该社会背景下才能产生特定的劳动工具，因此劳动工具不仅仅成为测量人类劳动力水平的“测量仪”，也成为代表不同历史时代的标志。

先进的劳动工具代表先进的生产力。不断进化的劳动工具反过来对人类的要求也是不断进化的，人类需要进行学习训练才能够熟练使用劳动工具，这也就使得劳动者所掌握的知识与技能水平有所提升，人与自然之间、人与人之间的互动交流也更为丰富，因此不断进步的劳动工具代表着更先进的生产力。

科学技术是生产力发展的核心要素。在生产过程中，提高科学技术的含量与水平，有助于提高劳动生产率。降低生产成本，不仅有助于使个别劳动时间低于社会平均劳动时间，提高市场竞争力，而且也有助于促进整体社会生产力的提升，科学技术由此成为市场竞争和经济发展的重要助力。

二　马克思、恩格斯科学技术思想发展历程

马克思、恩格斯科学技术思想经历了诞生期、形成期以及成熟期，其形成表现为一个逐渐科学化、系统化、具体化的过程。马克思、恩格斯在不同的时期对科学技术展开了不同的探索与研究，从《1844 年经济学哲学手稿》到《自然辩证法》，蕴含着丰富的科学技术思想，其科学技术思想研究也不断深化。

（一）思想诞生期

马克思、恩格斯科学技术思想的诞生期，主要体现在《1844 年经济学哲学手稿》《英国工人阶级状况》和《德意志意识形态》中，马克思紧紧围绕生产生活实践，重点论述人与科学技术的异化问题，对以后的

科学技术研究起到了奠基的作用。

《1844年经济学哲学手稿》在科学技术思想的萌芽阶段，为马克思科学技术思想的后续形成与发展奠定了基础。马克思认为，科学技术与艺术、法律等都是“生产的一些特殊的方式，并且受生产的普遍规律的支配”①。首先，马克思认为：“自然科学却通过工业日益在实践上进入人的生活，改造人的生活，并为人的解放作准备，尽管它不得不直接地使非人化充分发展。”② 自然科学是人类解放和发展的物质基础，自然科学进入工业生产之中也带来了巨大的负面效应，带来了人的异化，但也提高了人类的生活水平，推动了人类的思想解放，这体现了马克思对科学以及科学的社会效应研究的辩证性。其次，马克思认为工业的本质和人的本质是一致的，工业就是劳动，而人的本质是在劳动过程中所形成的。技术不仅仅在工业生产中具有重要作用，在人的发展过程中也具有重要作用。马克思不仅仅看到了科学技术对人类的重要意义，也从人本主义出发，将科学技术置于社会中进行阐释，从而带有辩证性与批判性的色彩。

恩格斯对科学、哲学和实践之间的关系进行了较为系统的论述。首先，恩格斯对科学的发展进行了论述：“各门科学在18世纪已经具有自己的科学形式，因此它们终于一方面和哲学，另一方面和实践结合起来了。”③ 各类知识发展起来，逐渐形成了各门科学，形成了自己的科学形式。科学并不是孤立的，而是与他者相互联结的。

恩格斯从英国现实出发，重点论述了科学技术的社会功能，包括对工人、生产方式、世界市场的影响。科学技术在工业中运用，对工业、工人都产生了巨大的影响。首先，科学技术的发展虽然满足了资产阶级最大利益的追求，提高了生产力与生产效率，但是对工人的身心也带来了影响，工人遭受着身体与心灵的双重压迫。而导致这种结果的并不是科学技术，根源是资本主义制度，科学技术在资本主义制度下应用于生产带来了人的异化，体现了恩格斯对资本主义制度的批判。其次，科学技术的发展促使英国实现了对世界市场的占有。恩格斯认为，科学技术

---

① 《马克思恩格斯文集》第1卷，人民出版社2009年版，第186页。

② 《马克思恩格斯文集》第1卷，人民出版社2009年版，第193页。

③ 《马克思恩格斯全集》第3卷，人民出版社2002年版，第536—537页。

促进交通运输的发展，为英国打破地理限制，与其他地区、国家进行贸易往来，占领世界市场提供了推力。英国逐渐成为世界的工业中心和贸易中心，科学技术在其中起到了重要作用。最后，科学技术改变了生产方式。科学技术发明不仅促进工业革命的极大发展，同时也取代了传统的手工业生产方式。

在《德意志意识形态》中，马克思、恩格斯对科学技术进行了集中阐释，体现了马克思、恩格斯科学技术思想的进一步系统化和逻辑化，马克思、恩格斯集中论述了科学技术的特性，蕴含着丰富的科学技术思想，为之后的科学技术思想发展奠定了基础。首先，马克思、恩格斯揭示了科学技术的社会性和实践性。技术是由作为主体的人所发明的，技术存在的合理性在于其应用，必然会应用到实际的社会生活之中，因此技术必然不会游离于社会而存在，技术具有社会性。同时技术也具有实践性。其次，马克思、恩格斯认为科学技术具有社会性和实践性，是因为马克思、恩格斯始终将科学技术与人类、社会、历史联系起来辩证思考。马克思、恩格斯认为："分工的每一个阶段还决定个人在劳动材料、劳动工具和劳动产品方面的相互关系。"① 科学技术的发展，对工业的进步和社会变革都有巨大作用。同时马克思、恩格斯肯定了科学技术不仅是实现共产主义最高理想的物质力量，同时也是实现人类自我解放的物质基础，科学技术发展表现为人类改造自然的力量，在一定程度上推动了社会革命的产生，推动矛盾的解决。

（二）思想形成期

马克思、恩格斯科学技术思想的形成期主要体现在《哲学的贫困》《雇佣劳动与资本》《共产党宣言》中，是在上一个时期的基础上，进一步地深入探索。这一时期马克思、恩格斯的科学技术思想不断趋于系统、完整和科学。

在《哲学的贫困》中，马克思不仅揭示了科学技术的社会作用，还对资本主义制度下的制度异化进行了研究，体现了马克思的科学技术思想进一步系统化，对以后的科学技术思想的形成具有深远意义。首先，

---

① 《马克思恩格斯选集》第1卷，人民出版社2012年版，第148页。

马克思认为，正是因为科学技术，才导致了社会分工的产生。随着现实的发展，科学技术也在不断发展，物化为劳动工具，造就了不同时代分工的不同。科学技术的发展推动家庭手工业的分工逐渐过渡到机器大工业的分工。分工逐渐精细化，在该分工领域的劳动者的劳动技能也不断精细化，劳动者不断学习、提升新的技能，生产力、生产效率不断提升，但是分工的精细化也导致了劳动者的劳动范围受限。“机器的采用加剧了社会内部的分工，简化了作坊内部工人的职能，集结了资本，使人进一步被分割。”① 其次，资本主义制度下的科学技术束缚着人，压榨着人，工人在生产活动中的地位不断降低，只有扬弃资本主义制度，实现生产资料公有，才能够使科学技术成为社会进步和人全面发展的重要工具，才能够真正解放人，使人能够确证自身，成为生产的目的。

马克思在《雇佣劳动与资本》中，通过论证技术的社会功能，来对资本主义制度进行批判，从中体现了马克思思想的批判性，从而进一步对科学技术思想进行了完善和深入的分析。首先，马克思认为，资本家运用科学技术提高生产力和生产效率，当社会中只有其独自使用新技术于生产之中时，那么其生产效率便会高于社会的平均生产效率，该资本家便能够产生高于平均剩余价值的超额剩余价值。但是由于社会的信息传播，其余资本家为了追求超额剩余价值，于是便会争相运用此先进的技术到其生产中去，因此生产力便会提高，而由于资本家对于超额剩余价值的不断追求，又会进一步寻求新的科学技术运用到其生产中去，以获得超额剩余利润。在这一过程中，科学技术与社会是不断进步的。其次，资本主义的不断发展，技术发展越来越广泛地运用到工业之中，机器的生产使生产过程中并不需要那么多工人了，于是，为了获利，越来越多的工人便会被辞退，成为剩余劳动力，有限岗位需求也导致了工人与工人之间的竞争越来越激烈，使得原本工人与资本家之间的矛盾，转移为工人与工人之间或者工人与机器之间的矛盾。而机器也会产生同样的社会影响，由于机器应用的科学技术越来越精细化与先进，从而使工人所需要进行的劳动越来越简单，

① 《马克思恩格斯选集》第1卷，人民出版社2012年版，第247页。

越来越不需要熟练工，更偏向选择童工以及女工，这不仅能够满足低廉成本的需求，也易于控制工人工资。同时，马克思认为，这些不能够满足超额剩余价值追求的剩余劳动力，不一定能够再次找到谋生工作，即使他们能够找到工作，他们的工资只可能更少，不可能更多，否则就会违反经济规律。

在《共产党宣言》中，马克思的科学社会主义思想得到了全面的阐释，重点论述了科学技术与资本主义社会，以及科学技术与无产阶级解放。首先，马克思认为，科学技术对资产阶级的产生与发展具有重要作用。“现代资产阶级本身是一个长期发展过程的产物，是生产方式和交换方式的一系列变革的产物。”① 科学技术发展，带来了生产力的发展，生产关系与生产方式的不断变革，这一系列过去到未来的进步，源于科学技术带来的物质繁荣。资本主义社会的未来发展，需要能够进行持续性的科技创新，对生产关系不断进行革命，否则资本主义社会便不能生存。其次，马克思认为应用了科学技术的机器生产是无产阶级解放的物质基础。以先进科学技术为基础的工业机器生产，虽然压榨着无产阶级，但是无产阶级作为先进阶级，其代表着先进生产力的发展方向，只有当无产阶级、科学技术与共产主义制度相结合，才能够实现无产阶级的解放。“随着大工业的发展，资产阶级赖以生产和占有产品的基础本身也就从它的脚下被挖掉了。它首先生产的是它自身的掘墓人。资产阶级的灭亡和无产阶级的胜利是同样不可避免的。”②

马克思在《机器。自然力和科学的应用》中指出了科学技术的发展模式与状况。科学技术的发展是一个不断完善的过程。“火药、指南针、印刷术——这是预告资产阶级社会到来的三大发明。火药把骑士阶层炸得粉碎，指南针打开了世界市场并建立了殖民地，而印刷术则变成新教的工具，总的来说变成科学复兴的手段，变成对精神发展创造必要前提的最强大的杠杆。”③ 在资本主义的生产方式出现之后，科学加快向技术实践转换，成为资本家增加财富、获取剩余价值的工具。

① 《马克思恩格斯选集》第 1 卷，人民出版社 2012 年版，第 402 页。

② 《马克思恩格斯选集》第 1 卷，人民出版社 2012 年版，第 412—413 页。

③ 《马克思恩格斯全集》第 47 卷，人民出版社 1979 年版，第 427 页。

（三）马克思、恩格斯科学技术思想的成熟期

马克思在《资本论》中，对科学技术进行了全面的分析与研究，标志着马克思科学技术思想的成熟。首先，马克思提出商品实际价值量应当取决于生产商品的劳动力，而影响劳动力是否发达的因素有许多，科学技术发展水平就是重要的一条，因此，资本主义社会的产生与发展就是建立在发达的科学技术之上的。其次，马克思论证科学技术成为资本家榨取剩余价值的重要方式这一问题。以往的资本家靠延长劳动时间、增加劳动强度的方式来进行剩余价值的榨取，这也容易受到限制，易引起工人的不满，而科学技术的发展为资本家提供了又一榨取方式，更为隐蔽并且能够获得更高的剩余价值。最后，马克思提出，机器本身并不具有价值属性，是资本主义制度下机器的使用使其具有了价值的假象。当在正义的社会制度下，机器能够减少工人的劳动负担，减少工人的劳动时间与劳动强度，但是资本主义制度下机器的使用，将劳动人民拉入痛苦的深渊，深深地束缚住了劳动人民，只有扬弃资本主义制度，工人才能得到解放。

恩格斯在《反杜林论》中通过对杜林的哲学、经济学与社会主义方面的错误观点进行批判，阐释并捍卫了辩证规律，全面阐述马克思主义哲学与科学社会主义，蕴含丰富的科学技术思想，标志着恩格斯科学技术思想的成熟。首先，恩格斯批判了杜林的原则、思维与存在的来源论述以及时间与空间的论述，批判了其错误观点。其次，恩格斯论述了质量互变规律以及否定之否定规律，物质的运动与发展并不是一直处于量变或质变之中，而是量变与质变相互作用，从而能够推动事物不断运动。恩格斯将否定之否定规律用以分析社会形态的变换可以看到，资本主义社会是通过对封建社会进行否定之否定而产生，共产主义社会也应是对资本主义社会进行否定之否定而产生的，并且这样的否定之否定的过程，是自己否定自己的过程，并不是依靠外在力量所实现的。最后，恩格斯对真理也进行了论述，体现了丰富的辩证思想。恩格斯认为真理是绝对的也是相对的，真理有其存在的前提条件，不存在永恒不变的真理，人类对真理的认识过程是一个渐进的、永无止境的过程，人永远也不可能超越绝对真理，是因为整个世界、整个宇宙都处在不断辩证发展

的过程中。

三 马克思、恩格斯科学技术思想的内容

马克思、恩格斯的科学技术思想具有系统性、逻辑性以及科学性，是不断发展而来。马克思、恩格斯的科学技术思想是立足于历史唯物主义，从实践出发，对科学技术进行了探索，其著作中包含着丰富的科学技术思想。

（一）科学技术内涵与本质

在马克思、恩格斯的早期著作中，认为科学即为自然科学，主要对象是自然，主要阐述自然规律与关系，是依靠感性在实践的基础上建立起来的，对科学进行了狭义的解释。后来随着理论的完善和实践的探索，马克思、恩格斯从不同语境对科学进行广义的定义。

首先，马克思、恩格斯从资本主义社会的角度对科学进行阐释，认为科学即为生产力，生产力中应当包括科学，科学改变了生产力要素，参与其中，从知识生产力转换为实际生产力，参与到工业生产中去，在资本主义制度下，科学成为一种工具。其次，马克思、恩格斯还从人文角度对科学内涵进行了阐释，认为科学不仅仅是一种物质生产力，还是一种精神生产力，不断提高人们的劳动技能水平、思想境界，不断增强着人类的思维方式。最后，马克思、恩格斯完善补充了科学的内涵，对科学与科学活动进行了阐述。科学是一种认识世界的方式，是主体对主体以外的事物与世界的认识，科学活动具有极强的批判性、革命性。坚持以创新、科学的视角进行活动，是批判唯心主义与宗教的强大武器，

科学技术是对包含主体在内的客观世界的认识与改造。马克思、恩格斯将技术置于社会领域内进行解读，认为技术无处不在。无论是在日常生活中还是在工业生产中技术都是作为重要因素参与，技术是人本质力量的体现，是其对象化产物，技术的发展历史就是人类社会的发展历史。马克思、恩格斯认为，技术可以分为生产技术与非生产技术。生产技术存在于生产劳动之中，是工业机器的重要基础，创新生产方式，人

们运用非生产技术，以实现社会效用，生产技术与非生产技术之间有区别又有联系，两者相互作用。

马克思、恩格斯认为，科学技术也是生产力。在社会生产中，生产力包括许多的因素，生产者、生产对象、生产工具等都属于生产力中的表面存在因素，而科学技术则为一种隐性因素存在于生产力中。科技进步是提高生产力的主要途径之一，可以从以下两个方面进行论证。

首先，从历史的发展来看，在科学技术成为工业机器的基础，普遍运用大机器进行生产之前，生产主要是通过手工劳动，凭借经验进行生产。随着资本的不断积累，科学技术的进步，理论与实践的发展，手工工场内部出现工业的萌芽，个别范围开始使用机器进行生产工作，生产效率逐渐提升，后来科学技术的不断进步推动了科技革命的产生，科技水平飞速提升。资本主义经过原始积累之后不断强大，进而不满足于经济领域，转向政治、文化等领域，建立了资本主义制度，科学技术成为资本主义制度的工具，科技大范围地运用于生产，虽然这一过程是科学技术异化的过程，但也无疑是科学技术从知识生产力转化为现实生产力的过程。

其次，从当时社会现实的角度来看，科学技术对于生产力的影响可以从三个角度进行分析。一是科学技术对劳动者的影响，工业机器生产，使得劳动者的劳动方式出现转变，从手工、分散、经验性的生产转变为集中、理论性的生产，同时科学技术的进步，使得在理论上向着科学性前进，理论逐渐精细化，运用与生产，使得生产的部门不断细分，机器不断精细化。劳动者如果要进行生产，就要不断提升知识与技能，脑力劳动的需求也在不断提升，劳动者的知识技能水平相较于之前的手工劳动时期的知识技能水平也是大幅度提高的，从而生产力也得到大幅度的提升。二是科学技术对劳动工具的影响，科学技术的发展，一方面是理论自身的进步，另一方面则应用于实践，推动实践的发展。科学技术的发展，推动劳动工具的改进与发展，操作难度不断下降，生产效率得到提升，生产力提升。三是科学技术对劳动对象的影响，科技的进步，使得科技不断创新，从而能够研究之前所不能研究的对象，或者更深入的研究之前停留在表面性研究的对象，从而扩大了劳动对象的范围。同时科学技术的发展以及在资本主义制度下的应用，使分散的对象，以有利于资本发展的方式集合了起来，也使得劳动对象的扩大，从而实现生产力的提升。

科学技术本身并不是生产力，只有在一定的社会制度下应用于生产时，才能成为现实的生产力。如果想要实现科技生产力，那么就应当推动科学技术向劳动者、劳动对象、生产工具进行渗透，并且要对生产力中的物与人因素进行智能化改造，才能够实现科学技术生产力从潜在向现实转换。

马克思、恩格斯对科学与技术之间的关系进行了论述。从历史上来看，在人类早期，科学与技术之间并没有多少联系，两者独立发展。科学还未从宗教、哲学等之中分离出来，技术主要依靠经验而发展，继承与传播主要通过口口相传。随着历史的发展，到了第一次工业革命时期，科学与技术联系增多，原有的相互关系开始发生转变。

科学技术的发展符合质量互变规律。马克思、恩格斯认为科学技术的发展是从不断的量的积累开始的，科学和技术的理论与实践不断丰富，不断进步与创新，而到一定程度时，便会发生质变，产生科技革命，科技革命时期科学技术飞速进步，实现了飞跃，而在质变之后，又开始新一轮的量的积累，进而实现质变的上升式循环。

（二）科学技术促进经济的增长

马克思、恩格斯认为科学技术能够促进经济的增长。科学技术成为资本主义的工具，为经济带来巨大的推动力。科学技术促进经济增长包括三个方面：科学技术是促进社会经济增长的内在机制；科学技术促进世界资本市场的形成；科学技术推动工业革命的产生。马克思认为科学技术是推动经济增长的杠杆，科学技术对经济增长是十分重要且效用明显的。

科学技术是促进科技增长的内在机制。“自然因素的应用——在一定程度上自然因素被列入资本的组成部分——是同科学作为生产过程的独立因素的发展相一致的。”① 一方面，科学技术使自然成为社会生产

① ［德］马克思：《机器。自然力和科学的应用》，中国科学院自然科学史研究所译，人民出版社 1978 年版，第 206 页。

力，将自然作为劳动对象和生产资料，推动对自然的研究与利用，促进经济的增长，随着科学技术的发展，对自然的研究与利用也有扩大的趋势。另一方面，科技使社会生产力和生产资料集中，科学技术的发展，理论与实践的不断精细化，包含的内容也越来越多，因此当运用于生产时，也必须将多种生产力与生产资料集中起来，才能够将科学技术转化为现实的生产力，同时，在资本主义制度下，工业化大生产越来越倾向于集中性生产，科学技术作为工业机器的基础，需要越来越集中的生产资料，以创造经济效益。另外，资本家利用科学技术来追求超额剩余利润。当资本家为了实现更高剩余利润的追求，将先进的科学技术率先运用于生产之中，从而使得生产力上升，生产效率提升，生产成本下降，其剩余利润超过社会其他剩余利润，马克思称之为获得了超额剩余价值。但这种超额剩余价值的获得是暂时的，科技传播速度十分快，其余的资本家在获得了其先进科学技术之后，也会同样运用于生产，使率先运用先进科技的资本家所获得的超额剩余价值消失了，社会整体生产力提升，剩余利润增多，社会经济水平增长，资本家追求利润的脚步不会停歇，在超额剩余价值消失时，便会开启下一次循环，社会的生产力水平不断提高，社会经济也就在不断发展。

科学技术促进了世界市场的形成。科学技术的发展，使得社会生产力不断提升，工业产品水平不断提升，同时科学技术的发展也推动了地理学、交通的发展，从而打破了地域限制，依靠交通、工业大机器的生产，逐渐建立了世界市场，逐渐对世界市场进行占有，铁路与轮船等所运用的技术，使其能够与世界其他地区进行商品交换贸易，落后的国家成为原料地与劳动力供应地，为经济发达国家提供原料以及大量低廉劳动力，谋取巨额利润，落后的国家依然落后，而经济发达国家的经济水平却在不断发展。在上述基础上，科学技术推动了科技革命的产生。

（三）科学技术的异化

科学技术异化，是指以私有制为代表的资本主义制度下的劳动异化、人的异化等异化的结果，这是随着阶级的产生而出现的。科学技术本身并不具备异化的属性，并不是异化的根源，资本主义制度才是异化的根源，马克思、恩格斯认为，科学技术的异化，解决之道应是扬弃资本主义制度。科学技术的异化表现为三个方面：人的异化、社会的异化以及自然的异化。

首先，人的异化。科学技术是作为主体的人对除主体之外的世界的认识与改造，是人本质力量的展现，其用于生产本是为了提高生产效率，减轻人们的劳动负担，实现人的解放，但随着机器的广泛运用，科学技术的发展并没有减轻人们的负担，而是增加了人们的劳动强度和劳动时间，分工越来越细，劳动者越来越被狭窄的专业技术所束缚，限制了人的全面发展。同时，科学技术的异化带来了工具理性的膨胀，人们认为科学技术能够解决一切问题，思想缺乏思辨性和批判性，追求金钱和利益关系，使人们的心理和思维也发生转变。

其次，社会的异化。虽然机器提升了社会生产力，但是工人的工资并没有提升，甚至大批工人失业，能够再就业的工人的工资也会只少不多，劳动力贬值，越来越多先进的机器使资本家在选择工人时，越来越倾向于选择非熟练工人，选择更易控制工资的女工和童工，而不是成年男工。因此社会的贫富差距越来越大，资本家越来越富有，劳动工人越来越贫穷，社会贫富差距越来越大，逐渐分为资产阶级与无产阶级，矛盾越来越激化。同时工具理性的膨胀，使得社会成为以经济为主导的社会，经济在社会中占据重要位置，对其他却不关注。

最后，自然的异化。科学技术的发展使原来的自然因素整合并运用于生产，科技万能的思想使得事事以科学技术为先，以科学技术为任何事情的解决方法，破坏自然环境，滥用自然资源，违背自然规律以实现科学技术的发展，引发自然危机。恩格斯认为，人应当与自然和谐相处，相互依存。他认为不顾自然环境而发展科学技术，必然会导致灾难发生。“对于每一次这样的胜利，自然界都对我们进行报复。”① 人类虽然具有支配自然的能力，但我们应当仅仅去“认识和正确运用自然规律”②，而不是破坏与滥用。马克思指出：“为了得到耕地，毁灭了森林，但是他们做梦也想不到，这些地方今天竟因此而成为不毛之地。”③ 自然的破坏，是人们对于自然与科学技术之间辩证关系的误解或不清，是异化的结果。

---

① ［德］恩格斯：《自然辩证法》，人民出版社2015年版，第313页。
② ［德］恩格斯：《自然辩证法》，人民出版社2015年版，第314页。
③ ［德］恩格斯：《自然辩证法》，人民出版社2015年版，第313页。

（四）科学技术促进社会变革

马克思、恩格斯认为，科学技术的发展能够促进社会变革，主要包括三方面内容：促进生产方式的变革、推动社会革命的产生以及促进人类的解放。

第一，科学技术的发展促进生产方式的变革。19世纪的欧洲，人们的生产方式出现巨大的变化。工业时代的到来，科学技术不断创新，创新出来的科学技术不断应用于机器之上，机器代替了手工劳动实现高生产力，成为生产的主要手段，工业机器生产取代了以往的手工工场生产，集中的、大规模的生产代替了分散的、以家庭为单位的生产。同时，机器不断改变分工，不断划分下级部门单位的分工，工人工作更加专业与具体，向脑力劳动与体力劳动结合的方向发展。工人被机器束缚住，机器开始指挥人，人成为机器的奴隶，生产方式发生巨大转变。

第二，科学技术的发展推动社会革命的产生。科学技术发展，带来生产方式的改变，资本主义生产将生产资料、财产与人口聚集起来进行生产，同时科学技术的发展也推动社会转变，社会产业结构由农业向工业转变。社会阶级发生变化，逐渐分化为资产阶级与无产阶级，资产阶级不断压榨着无产阶级，资本主义社会的矛盾不断激化，在这一过程中，究其根源，科学技术的发展起到重要作用，是社会革命产生的主要原因之一。

第三，科学技术的发展促进人类的解放。马克思提出科学技术本身不具备工具属性，本身并不带来异化，主要原因在于资本主义制度释放了物性的巨大力量，从而使制度带来了异化。只有扬弃资本主义制度，人类才能得以解放。科学技术的发展为无产阶级的解放提供了物质基础与精神基础，具有指导作用。只有实现共产主义、无产阶级与先进的科学技术相结合，才能够实现人类的解放。

问题探究

1. 马克思、恩格斯科学技术思想产生的过程？

2. 马克思、恩格斯科学技术思想的主要内容有哪些？

延伸阅读

1. 《马克思恩格斯文集》第 1 卷，人民出版社 2009 年版
2. [德] 恩格斯：《自然辩证法》，人民出版社 2015 年版。
3. 刘大椿：《科学技术哲学导论》(第 2 版)，中国人民大学出版社 2005 年版。

专题四

科学技术“内在亦善亦恶观”的确立及其规范意义

本专题的选题背景及意义

人类已经进入科学技术高速发展的时代，科技产品在给人类带来巨大福祉的同时也产生了诸多伤害，如何在不损害福祉的同时尽可能规避造成的伤害，就成为摆在人类面前的难题。科学技术的发展演化有其自主性，同时又具有多方面的不确定性或复杂性，认识水平暂时有限的人类是否有“力量”完全控制科技演化的方向及其作用于人类的方式仍然存有疑问。

智能技术以及各种辅助生殖技术等高科技产品的出现，使得传统伦理学的理论范式陷入困境，如何发展新时代的伦理学以应对这些新涌现的科技产品可能引起的社会问题，已经逐渐成为科技伦理必须回答的难题。科学技术是伴随着人类文明的进步向前发展的，在相伴相生的过程中，人类社会遭受的各种问题都或多或少与科学技术相关联。甚至可以说，现代高科技已经拥有了毁灭未来人生存的可能，那么，我们应该如何理解科学技术与人类的关系，应该如何规范科学技术的发展，已经成为摆在人类面前的重要课题。

人工智能、基因编辑以及各种辅助生殖技术等高科技产品陆续涌现，它们在给人类带来福利的同时，也产生了一系列可能的危害，甚至开始威胁未来人的生存。在汉斯·约纳斯看来，人类已经进入技术力量空前强大的时代。[①] 发挥科技产品服务于人类的同时，如何有效抑制其可能造成的伤害，是摆在全人类面前的一项重要课题。传统观点认为科学技术本身是中性的，即价值无涉，只有科学技术的应用才存在善、恶。目前看来，逻辑上该观点难以成立，而且，科技产品带来的很多问题恰恰源于这样一种形而上学预设。从“应用善、恶”转向“内在善恶”，符合高科技的内在特征和发展逻辑，并且在伦理层面具有重要的规范价值。需要首先分析高技术的特征及其可能带来的人的异化问题，以展现高科技伦理问题在当代的重要地位；其次，从逻辑层面深入分析和建构科学技术“内在亦善亦恶观”，并对其价值做简要阐述；再次，科学技术的“不确定性”是其“内在善恶”的根本原因，以下将具体讨论科学技术四个方面的不确定性以及相应的规避路径；最后，科学技术的“内在善恶”势必引出伦理维度“责任主体”扩展问题，具体将以“福岛核事故”为例具体分析科技发现或发明人和科技本身何以能够构成“责任主体”这一问题。准确地确立责任主体及其责任范围，可以为问题的解决或改善提供重要的理论依据。

一　高技术视阈下人的异化问题解析[②]

进入20世纪下半叶以来，高技术的快速发展凸显了科技伦理问题的重要性，尤其是人的异化问题愈发严重。高技术有其内在的本质和特征，它将从根本上改变人类的“生存方式和发展模式”[③]。准确理解高技术的特征及其可能带来的异化问题，是人类追问科技伦理问题的理论根源、探寻实践层面解决之道的前提。

（一）高技术的本质及其特征

林德宏认为：“高技术指产业化了的新技术……高技术不仅是一个

① ［德］汉斯·约纳斯：《责任原理：现代技术文明伦理学的尝试》，方秋明译，世纪出版有限公司2013年版，英文版序言。

② 本节部分内容发表于《自然辩证法研究》2008年第7期。

③ 林德宏：《科技哲学十五讲》，北京大学出版社2004年版，第239页。

学科群，同时也是产业群；既是新兴的学科，又是新兴的产业。”[①] 殷登祥从高科技在整个科学技术体系中所占的地位和高科技与社会的关系两个方面对高科技的内涵进行了说明。[②] 王滨认为：“高技术是一种知识密集、技术密集的最新技术，是在现代自然科学理论和最新工艺技术基础上而创造出来的，能够为社会带来巨大经济效益和社会效益的各种高效手段和方法的总和。”[③] 综上，高技术的本质有两点共识：其一，一定是以前沿科学理论为基础发展起来的技术群，如果只是基于传统科学理论发展而来的技术群不能称之为高技术；其二，一定要能够给社会发展带来巨大的经济效益、社会效益和生态效益。但是需要引起注意的是，获得“高效益”的同时必然意味着“高风险”的存在。以下主要在高技术的改变对象、发展演化的自主性以及影响深度三个方面做简要分析。

第一，高技术“改变”[④] 的对象发生了重大变化。传统技术改变的对象主要限制在宏观领域，虽然也对宇观和微观进行了探测，但只是初步的“人化自然”的阶段。高技术时代，人类利用技术改变的对象开始向宇观和微观或人类以前无法触及的领域扩展。例如，空间技术对太空的干预，已经使地球的外围变成了一个“人工自然”的世界；分子生物学的发展，[⑤] 使生物技术成为21世纪最前沿的技术，人类已经开始在分子层面对生物的“自然”生长、发育进行干预，使生物微观世界也成为一个“人工自然”的世界；在海洋技术方面，包括中国在内多个国家的深潜器已经能够潜到世界最深的马里亚纳海沟最底部，2020年底，我国的“奋斗号”载人深潜器在超过万米深的马里亚纳海沟成功坐底。可以说，当今人类已经在大洋最深处打上了人类的印记。另外，高技术对世界的影响，从改变人以外的世界转向改变人类自身。传统技术主要改变的是人之外的世界，而高技术明显出现了完全不同的趋势。如果说最初的人工智能研究还只是对人类智能的模拟，那么生物芯片、人机融合技

---

① 林德宏：《科技哲学十五讲》，北京大学出版社2004年版，第239页。

② 殷登祥：《时代呼唤：高科技与人文因素》，福建人民出版社2002年版，第3页。

③ 王滨：《科技革命与社会发展》，同济大学出版社2003年版，第114页。

④ 笔者在此用“改变”而非“改造”，改造有向好的方向发展的倾向，改变更中性，更具客观性。

⑤ Morange, Michel, Matthew Cobb Tran, *The Black Box of Biology*: *A History of the Molecular Revolution*, Paris: Éditions La Découverte, 2020.

术的发展，“人机合一”逐渐从构想走向现实。以 CRISPR 为代表的基因编辑技术的快速发展，已经可以在基因层次对人的出生与生长进行“干预”，它很可能使人类陷入前所未有的伦理困境，迈克尔·桑德尔（Michael J. Sandel）教授的《反对完美：科技与人性的正义之战》[①] 对这个问题做了通俗易懂的讨论。

第二，高技术自主性明显增强，为人的异化打开了大门。很多技术哲学家都对技术自主性进行了深入的哲学思考，一般技术自主性与技术决定论具有类似的含义。技术决定论“通常指强调技术的自主性和独立性，认为技术能直接主宰社会命运的一种思想。技术决定论把技术看成是人类无法控制的力量”[②]。技术哲学家埃吕尔认为“技术不再由外在所决定，技术内在地具有自我决定性。技术自身已经成为一种实在，它自我满足，并具有自己特殊的规律和确定性”[③]，“技术已经达到了其进化的产生和发展几乎不需要人类干预的程度”[④]。黄欣荣等把他们的观点总结为“技术自主性的全部核心在于技术摆脱了社会控制，成了一种不可抑制的力量”[⑤]。虽然技术的自主性还存有争议，但其现实性已经凸显。在传统技术发展视野下，自主性体现得还不够突出，但随着高技术的发展，自主性将越发明显。尤其是人工智能的发展为学界提出了新的课题，也使社会发展面临新的挑战。

第三，高技术的发展对人的影响达到了一个新的高度。从传统技术“提高或破坏人类生活”发展到高技术“使人类的梦想成真或者使人类毁灭”；从传统技术没有改变“人称之为人”的地位到高技术开始威胁到人之为人的存在，为人的异化打开了现实之门。换句话说，传统技术可以做到人类想做的事；高技术实现了人类想都不敢想的事。当然，这种影响如果是“善”的，将促进人类的健康发展，反之会严重阻碍人类社会的发展，甚至毁灭全人类。高技术的发展也为人类提出了更尖锐的

---

① ［美］迈克尔·桑德尔：《反对完美：科技与人性的正义之战》，黄慧慧译，中信出版社 2013 年版。另，该书英文版标题直译为《反对完美：基因工程时代的伦理学》更能准确地反映该书的议题。

② 本书编委会：《自然辩证法百科全书》，中国大百科全书出版社 1994 年版，第260 页。

③ Ellul, J., *The Technological Society*, New York: Knopf, 1976, pp. 134 – 135.

④ Ellul, J., *The Technological Society*, New York: Knopf, 1976, p. 85.

⑤ 黄欣荣、王英：《埃吕尔的自主技术论》，《自然辩证法研究》1993 年第 4 期。

问题：“人还是人吗？”这一点在生物技术中尤其突出，如克隆人是人吗，或说是完全意义上的人吗？有关这一问题下文将做具体分析。

综上，可以把高技术相对于传统技术的特征总结为下表：

	传统技术	高技术
理论基础	传统科学理论	前沿科学理论
改变对象	主要是宏观	向微观、宇观扩展
	主要是人之外的世界	人机融合扩展到人自身
技术自主性	相对较弱，基本受人控制	自主性逐渐增强
对人的影响	提高或破坏人类生活	梦想成真或人类毁灭
	人还是人！	人还是人吗？

（二）高技术视域下人的异化问题

高技术视阈下，“技术异化”问题日益凸显，本来“为人”的技术，开始在方方面面展现制约、控制甚至伤害人类的一面。技术异化直接导致“人的异化”，后者也能较好地体现前者存在的问题。哈迪曾经明确提出：“人类是这种新技术的主人还是奴隶？技术使人类的选择和自由得到发展还是受到限制？”① 传统技术的发展所体现出的人的异化问题并不十分明显，但是随着高技术的发展，人的异化问题逐渐显现。尤其是随着生物技术的发展，当我们问“人是什么——自然的生育物还是技术的制造物”② 的时候，高技术所带来的人的异化问题已经变得非常尖锐了。肖峰进一步提出：“目前高技术造成的最大的人文困惑中，就包含有对‘人是什么’和‘我是谁’等问题上形成的‘挑战’。”③ 因此，学界对人的异化进行理性思考和深入反思成为一种必然。

孙博等人提出：“科学技术从生活环境、生活方式、思想观念、伦理道德对人类本身的‘异化’给当今世界带来了许多的困惑。”④ 陈翠芳从主客体关系上对人的异化进行了研究，她认为：“异化从本质上说

① ［美］J. T. 哈迪：《科学、技术和环境》，科学普及出版社 1984 年版，第 7 页。
② 肖峰：《高技术时代的人文忧患》，江苏人民出版社 2002 年版，第 38 页。
③ 肖峰：《高技术时代的人文忧患》，江苏人民出版社 2002 年版，第 37 页。
④ 孙博、李晔：《科学技术对人的“异化”》，《成都大学学报》2007 年第 3 期。

都是自我异化，但是自我异化并不都是指主体直接转化为主体的异己力量，在更多情况下，主体总是通过自己的活动、自己活动的结果或创造物而异化，即因为自己的活动或活动产物与主体自身相对立、相敌视而产生异化。从马克思开始，主体实际上指的是人，是现实生活中有意识有目的的人，主体异化就是人的异化。"[①] 张晓鹏从技术与人的关系方面对人的异化根源进行了研究，提出是"技术造成了人的异化"[②]。总之，学界基本上认同人的异化是由技术的发展、技术的异化造成的。因此，下文结合具体高技术的发展造成的人的异化问题进行详细阐述。

一是生物学意义上人的异化问题。随着高技术群中生物技术及医学技术的发展，一些"技术怪人"[③] 开始出现。举例来说，器官移植技术的发展最初是为了挽救人的生命，或"完善"人的生命，但是随着这项技术的发展，"组装人"的思想和技术开始进入人类视野。当前技术层面除了移植大脑比较困难以外，其他器官都从可能变成了现实。当我们面对一个组装起来的人的时候，我们还会认为他是一个人吗？他是一个活着的人吗？他如果是一个人，他又是谁呢？这已经不是玛丽·雪莱（Mary Shelley）笔下的科幻小说[④]，已经成为理论层面的现实。当前器官移植还存在另外一条路径，安装机械器官，比如假肢。最初这种高技术也是出于"为人"的目的，但是当人体的大部分器官都成为机械器官时，生物学意义上的人还存在吗？也许人类现在还可以暂时聊以自慰，安装机械器官是为了挽救生命或是使人健全，是一种被动的状况，但是，随着高技术的发展，当机械器官在很多方面超过人体生物器官的性能时，一些存有某种目的的人主动"更换"自己的生物器官，人类又将怎样呢？这种状况的出现，将不得不引起我们对"人类"自我辨识的思考。一个理智的人当看到浑身都是"冰冷"[⑤] 的机器时再问"我是谁？"已完全不同于精神病人。当"我"要告诉我的心灵，这些冰冷的四

① 陈翠芳：《科技异化与科学发展观》，中国社会科学出版社2007年版，第32页。

② 张晓鹏：《论技术异化之根源及其超越》，《科学技术与辩证法》2006年第5期。

③ 肖峰：《高技术时代的人文忧患》，江苏人民出版社2002年版，第5页。

④ 玛丽·雪莱（Mary Shelley，1797—1851），英国著名小说家，于1818年创作了文学史上第一部科幻小说《弗兰肯斯坦》，国内也经常译成《科学怪人》。

⑤ 此处的"冰冷"已不仅仅指机械器官的温度，还包括外在于生物体的含义。即使技术的发展使之变得"温暖"，但是对于人的心灵来讲仍然是陌生的、冰冷的。

肢就是我的时候，我还是我吗？人类社会形成的初期或一个孩童成长的初期无法区分自我与外在世界，当理性的社会、理性的人形成之后的时代，我们再一次不得不去分辨自我与外在世界时，不得不引起人类的反思。

二是社会学意义上人的异化问题。首先，智能机器人的发展对传统意义上“人是一切社会关系的总和”这一本质特征形成了挑战。奥地利科学家莫拉维奇提出“机器人将具有同人一样的技能和动作，所以，它能像人一样地教育孩子和做其他各种事。事实上，从各种实际用途来看，这个‘机器人’就是人。……所有人类能干的事，这个人造替代物都能干。所以，如果你不想把它叫做人，只能使你自己显得很反常”①。当人与机器人的关系也开始进入社会关系的范畴时，“人还是人吗？”2000 年美国科学家 Lipson 和 Pollack 宣布，他们已经成功研制出一种可以无需任何人帮助就能完成自我设计和制造并维持自我进化的机器生命形式②，随着近年来“深度学习”人工智能的发展，使得这个问题变得更加尖锐。其次，克隆人技术的出现对“人”提出了新的挑战。社会意义上的人首先应该是作为生物学意义上的自然繁殖的产物，一旦克隆人出现，这种用技术手段、本来应该归于工业范畴“制造”出来的人进入社会，人的社会意义又将怎样呢？这其中最重大的冲击，来自第三个方面，转基因或基因编辑技术在基因层面的干预。2020 年中美科学家联合完成的“人—猴混合胚胎”可能是该年度最重要的科研成果，这一科研成果的确可能为诸多医学难题的解决提供帮助，③ 但它也必将带来一系列重要的伦理问题。④ 在当前的“嵌合体”中，人类细胞还只占非常小的部分，但是未来科学发展一定会改变这一现状。一项技术一旦产生，我们就很难完全阻止某些缺乏人文关怀的科学研究者从事越界的研究。人类需要反思，随着这项研究的深入，人与动物之间的差别会变得模糊

① ［美］埃德·里吉斯：《科学也疯狂》，张明德、刘青青译，中国对外翻译出版公司 1994 年版，第 152—153 页。

② Lipson, Hod and Jordan B. , “Pollack. Automatic Design and Manufacture of Robotic Life Forms”, *Nature*, No. 406, 2000, pp. 974 – 978.

③ Tao, Tan, Jun Wu, et al. “Chimeric Contribution of Human Extended Pluripotent Stem Cells to Monkey Embryos ex vivo”, *Cell*, Vol. 184, No. 8, 2021, pp. 2020 – 2032.

④ Greely, Henry T. , and Nita A. Farahany, “Advancing the Ethical Dialogue about Monkey/Human Chimeric Embryos”, *Cell*, Vol. 184, No. 8, 2021, pp. 1962 – 1963.

吗？难道原本存在的人类与其他动物之间的鸿沟在高技术的浪潮下也会被解构、被填平吗？作为人类“特权”的社会还是人类的社会吗？另外，网络技术、虚拟技术的发展也对传统意义上的人形成冲击。当更多的人不再与现实意义上的人直接进行交流，而是中介于网络、虚拟世界，甚至把网络世界当作真实世界时，“社会关系”已经发生了扭曲，作为“一切社会关系的总和”的人的本质必将发生改变。

高技术给人类带来的冲击是巨大的，这就要求我们对科学技术的善恶问题进行更为全面的伦理审视。在传统观点看来，科学技术只存在使用层面的善恶，如果这一观点成立，那么我们只需要对科学技术的使用进行严格控制即可。但现实层面出现的一系列科技伦理问题彰显了这种观点缺陷，我们需要对科学技术的善恶进行新的伦理考察。

二 科学技术“内在亦善亦恶观”的确立

贝尔纳《科学的社会功能》开篇中指出：“过去几年的事态促使人们用批判的眼光对科学在社会中的功能进行审查。人们过去总是认为：科学研究的成果会导致生活条件的不断改善；但是，先是世界大战，接着是经济危机，都说明了：把科学用于破坏和浪费的目的也同样是很容易的，于是就有人要求停止科学研究，认为这是保全一种过得去的文明的唯一手段。”[①] 2004—2005 年，《自然辩证法通讯》杂志就科学技术的善恶问题进行了专题学术探讨：“科学和技术：天使抑或魔鬼？”当今社会，科学技术飞速发展，伴之出现的各种社会问题日益严重。重要原因之一是没有从源头上、根本上认清科学技术内在的善恶问题，有必要从科技自身内部认识其“善恶”，在科学理论和技术成果的研发之初实施控制，才能有效抑制科学技术给人类带来的负面影响。

（一）学界观点分析

学界关于科学技术的善恶问题主要有两种观点：一是科学技术价值

① ［英］J. D. 贝尔纳：《科学的社会功能》，陈体芳译，商务印书馆 1982 年版，第 25 页。

无涉，即科学技术中性论；二是科学技术价值有涉。

1.“科学技术价值无涉”观点辨析

爱因斯坦认为：“科学是一种强有力的工具。怎样用它，究竟是给人类带来幸福还是带来灾难，全取决于人自己，而不取决于工具。刀子在人类生活上是有用的，但也能用来杀人。”① 哲学家罗素认为：“科学是不讲价值的，它不能证实‘爱比恨好’或‘仁慈比残忍更值得向往’诸如此类的命题。科学能告诉我们许多实现欲望的方法，但它不能断定一个欲望比另一个欲望更可取。”② 在“中性论”看来，“科学知识和技术手段本身只有是非、真伪、效率高低之分，而不能从好坏、善恶、损益来衡量”③。林德宏、黄瑞雄④等人也持类似观点。上述观点可以简单总结为科学技术本身是中性的，不存在善恶问题。

2.“科学技术价值有涉”观点辨析

伯纳德·巴伯在其著作中肯定了近300年来，“科学之社会影响的速度和力量一直以几何级数倍增”⑤。维纳提出：“新工业革命是一把双刃剑，它可以用来为人类造福……也可以毁灭人类，如果我们不去理智地利用它，它就有可能很快地发展到这个地步的。”⑥ 史兆光认为科学技术“给人类带来巨大幸福的同时，也给人类带来令人毛骨悚然的威胁”⑦。林德宏在驳斥了技术中性论基础上对科学技术双刃剑的观点做了进一步辨析，他认为“许多学者在谈论‘科学技术是双刃剑’时，实际上讲的都是技术。应当说‘技术是双刃剑’，更准确地说，‘技术应用是双刃剑’”⑧。技术应用过程中既可以产生对我们有利的影响，也可能产生伤害。⑨“技术应用本来是用来为人类造福的，可是一旦发生事故，也

---

① 《爱因斯坦文集》第3卷，许良英等译，商务印书馆1979年版，第56页。

② 姜静楠、刘宗坤：《后现代的生存》，作家出版社1998年版，第204页。

③ 肖显静：《后现代生态科技观——从建设性的角度看》，科学出版社2003年版，第125页。

④ 黄瑞雄：《科学危机与“追问技术”》，《自然辩证法研究》2001年第6期。

⑤ ［美］伯纳德·巴伯：《科学与社会秩序》，顾昕等译，生活·读书·新知三联书店1991年版，第242页。

⑥ ［美］维纳：《人有人的用处》，陈步译，商务印书馆1978年版，第132页。

⑦ 史兆光：《“双刃剑”片论》，《自然辩证法通讯》2004年第1期。

⑧ 林德宏：《科技哲学十五讲》，北京大学出版社2004年版，第263页。

⑨ 林德宏：《科技哲学十五讲》，北京大学出版社2004年版，第266页。

会带来灾难性后果。”[①] 深入分析以上观点，学界科学技术“价值有涉”论主要还是集中在科技应用层面，并未涉及或进入科技本身是否存在善恶，即内在善恶问题。面对当前科学技术与社会的关系愈加密切，把科学技术给人类带来的福祉和灾难完全归之于科学技术的应用，忽视其内在善恶，是不合理的，也不利于问题的解决。

（二）科学技术的“内在善恶”辨析

科学技术除了应用中存在善恶外，“内在的善恶”同样值得关注，甚至更根本。哈贝马斯曾经“把科学技术的消极的社会作用说成是由科学技术本身造成的，赋予科学技术一种原罪”[②]。科学技术内在善恶问题直接涉及如何看待科学技术和科学技术的社会作用，以及科学技术研发、应用过程中科技政策的制定等问题，因此，有必要深入探讨科技内在的善恶问题。

1.“技术”善恶之辨

维纳指出技术的发展“对善和恶都带来无限的可能性”[③]。林德宏指出，技术除了在应用中可能带来善恶以外，“某些技术研究本身就涉及到善恶问题”[④]。郑晓松认为“技术与生俱来就具有一种对自然本真状态的人为干预”[⑤]。技术是人类为着某种主观的利益研究、开发利用的，因此必然具有服务于人类的特征，这是技术善之源；技术是“改变”世界的方法和手段，任何改变都具有两面性。由于人类认识的局限性，必将使这种改变在满足人类原初目的的同时带来预料之外的结果或后果，这种后果除了应用技术的人之责任外，技术本身也难辞其咎。林德宏认为：“有的技术设计本来就是为了伤害人类的，这类技术是有明显的价值负荷的，它本身就是恶的技术。因为我们只能用它来作恶，而不可能

---

① 林德宏：《科技哲学十五讲》，北京大学出版社 2004 年版，第 269 页。

② 薛民：《哈贝马斯科学技术社会功能理论评析》，《复旦学报》（社会科学版）1994 年第 2 期。

③ ［美］维纳：《人有人的用处》，陈步译，商务印书馆 1978 年版，第 132 页。

④ 林德宏：《关于社会对技术的必要约束——评技术价值中立论与价值自主论》，《东南大学学报》（哲学社会科学版）2000 年第 3 期。

⑤ 郑晓松：《技术原罪》，《自然辩证法通讯》2004 年第 4 期。

用它来行善。……各种大规模地杀伤武器都是恶技术。”[①] 一般技术的善是显性的；而技术的恶有时是显性的，有时却是隐性的、长期性的，后者往往伤害更大。

技术之“恶”产生的原因主要有两个方面：一方面，技术成果既然能够成为“改变”自然的方法和手段，那么既可能为善所用也可能为恶所用。正如一把菜刀可以为人类生活服务也可以成为伤害他人的武器。另一方面，技术从本质上是人类对自然的“促逼”，使之成为恶之源。海德格尔认为：“在现代技术中起支配作用的解蔽乃是一种促逼，此种促逼向自然提出蛮横要求，要求自然提供本身能够被开采和贮藏的能量。”[②] 他进而认为：“座架占统治地位之处，便有最高意义上的危险。”[③] 这种危险是技术之恶产生的一个重要原因。肖显静在以上观点基础上提出：“通过座架的作用，自然成为人的对立物，失去了本性，处于非自然的状态，也就是处于被破坏的状态。”[④] 同时，“科技自身的不足是造成环境问题的一个重要原因”[⑤]。郑晓松认为：“现代技术对自然‘促逼’的本性是生态危机的逻辑根源。……技术统治是现代西方社会普遍存在的弊端，而这一切的根源又在于作为工具理性的现代技术本身的内在危害性。”[⑥] 唐纳德·沃斯特从生态学视角提出：“生态学似乎在警告：控制自然既不容易也不明智。”[⑦] 综上，技术本身具有一种改变自然的倾向，而不是顺应自然，那么某种程度上这种改变必将存在与自然相违背的一面，亦是一种恶，或成为恶之源。

2.“科学”善恶之辨

科学最初来自对世界的“惊异”，或说是一种求知的欲望以及人类的某种社会需求，科学认识世界的功能可以满足这种需求。另外，科学可以认识自然界的规律性，为人类生产、生活服务。按照肖峰所说“能满足人的需要

---

① 林德宏：《科技哲学十五讲》，北京大学出版社 2004 年版，第 268 页。

② ［德］海德格尔：《海德格尔选集》，孙周兴译，上海三联书店 1996 年版，第 932—933 页。

③ ［德］海德格尔：《海德格尔选集》，孙周兴译，上海三联书店 1996 年版，第 946 页。

④ 肖显静：《后现代生态科技观——从建设性的角度看》，科学出版社 2003 年版，第 129 页。

⑤ 肖显静：《后现代生态科技观——从建设性的角度看》，科学出版社 2003 年版，序。

⑥ 郑晓松：《技术原罪》，《自然辩证法通讯》2004 年第 4 期。

⑦ ［美］唐纳德·沃斯特：《自然的经济体系——生态思想史》，侯文慧译，商务印书馆 1999 年版，第 468、9、444 页。

就是‘善’，基本的善甚至最高的和终极的善，就是让人快乐和幸福”①。科学能给人类带来某种“幸福和快乐”，即科学之善。另有学者提到科学理论不和人直接联系，而是通过技术才能为人类造福。在现代高技术领域，科学是作为技术的基础角色存在的，离开了科学就不可能有对应的技术，二者之间具有确定性的必然联系。比如，爱因斯坦认识到了质能相关性，哈恩和迈特纳分别发现了核裂变及其质量亏损，这些理论成果为人类利用核能打下了基础，才有了核能技术的开发和利用。另外，科学理论同样可以成为危害或威胁人类生存的技术的基础，如上例，核物理理论也可以成为威胁人类生存的核技术（如核武器）的基础，即体现科学之恶。科学给人类带来的“快乐”和“痛苦”即善和恶，这种善恶经常不直接表现出来，又确实存在，不妨称之为“潜善恶”。此“潜”包含两方面含义：一是科学确实存在“内在”善恶，即价值有涉；二是科学的善恶表现于深层而不是表层，或者说是间接而非直接。

科学之“恶”产生的两方面原因：第一，科学的相对真理性是科学之恶的首要原因。“科学理论不再是被严格建构好绝对证实的绝对真理，而只是在一定程度上经过实践检验的、具有内在逻辑一致性的、与其他被辩护的科学理论相一致的知识体系，具有真理的相对性。”② 正是由于科学真理的相对性，即使人类的出发点或目的是好的，也同样可能带来痛苦。第二，自然界的复杂性，及与之相应的人类认识的局限性是科学之恶的另一原因。复杂系统科学的发展向我们揭示出，自然界不是“简单”的而是“复杂”的。“大自然远比他们曾经意识到的，或者正像有人开始暗示的，实际上比科学能够意识到的要复杂得多。”③ “科学认识的两极表明，当复杂性增加时，我们对于它的理解和预言的精确度也会减少。”④ 量子力学也提供说明，海森堡提出的“测不准原理”揭示出客观世界不能独立于主观世界及主观“测量”体系，人类的认识是有限度的。Sugihara 等人在研究复杂生态系统时也揭示出复杂系统中的因果

---

① 肖峰：《两种技术善之间的伦理选择》，《山东科技大学学报》（社会科学版）2007 年第 1 期。

② 肖显静：《后现代生态科技观——从建设性的角度看》，科学出版社 2003 年版，第 109 页。

③ ［美］唐纳德·沃斯特：《自然的经济体系——生态思想史》，侯文慧译，商务印书馆 1999 年版，第 468 页。

④ 肖显静：《后现代生态科技观——从建设性的角度看》，科学出版社 2003 年版，第 213 页。

关系是非常难以识别的，一种情境中相互耦合的变量在另一情境中很可能毫不相关。[①] 或者用雷舍尔的话讲：“难驾驭性和不可预测性是无法消除地植根于机能的复杂性之中。”[②] 总之，正是自然界的复杂性以及人类认识的局限性为科学之恶埋下了伏笔。

（三）树立科学技术“内在亦善亦恶”观的意义

科学技术除了应用过程中的善恶之外，“内在善恶”同样不容忽视。超越应用层面的善恶，树立科学技术“内在亦善亦恶观”，对于理性看待科学技术的社会功能以及促使科学技术更好地为人类服务等方面都具有重要意义。

第一，认清科学技术的内在善恶，可以提醒或警示人类追求尽可能“善”的科学技术。

科学技术具有两面性是不可回避的，但人类追求的科学技术一定要使其更好地为人类服务，而不是危害人类的生存和发展。自然界的复杂性，认识的局限性，使得科学技术成果经常是对自然界的一种“促逼”，因此人类只能在可认识、可预测的范围内追求顺应自然的科学技术，追求“科学技术与大自然的和谐”[③]。周光召认为“绿色科技”即“能促进人类长久生存与发展的生产体系和生活方式以及相应的科学技术”[④]；“无毒、无害、无污染、可回收、可再生、可降解、低能耗、低物耗、低排放、高效、洁净、安全、友好的技术与产品”构成绿色科技的核心。[⑤] 以上在环境、可持续发展维度的绿色科技可以称为狭义的“绿色科技”；把这种思想做进一步扩展，可以提出广义的绿色科技，即总体上对人类生产生活的影响，善最大化、恶最小化的科学技术，或不会对人类造成重大负面影响的科学技术。当然，“绿色”只是一个程度概念。

---

① Sugihara, George, Robert May, et al.,“Detecting Causality in Complex Ecosystems”, *Science*, 2012, Vol, 338, pp. 496 - 500.

② ［美］尼古拉斯·雷舍尔：《复杂性：一种哲学概观》，吴彤译，上海世纪出版集团2007年版，第227页。

③ ［美］唐纳德·沃斯特：《自然的经济体系——生态思想史》，侯文慧译，商务印书馆1999年版，第444页。

④ 周光召：《将绿色科技纳入我国科技发展总体规划》，《环境导报》1995年第2期。

⑤ 鲍健强：《绿色科技的特点和理性思考》，《软科学》2002年第4期。

在科技研发、应用过程中我们应该树立绿色科技观，用绿色科技观约束和规范人们的科技行为，促使科技更好地为人类服务。

第二，认清科学技术的内在善恶，可以在源头上避免和抑制科技之“恶”功能的发生。

在“中性论”即科技价值无涉观点下，我们往往通过控制科技的“滥用”来抑制其阻碍或伤害人类效应的发生，但整体效果并不明显。如果科技存有“内在”的善恶，仅控制其滥用是远远不够的，正如墨菲法则展现的“可能发生的就一定会发生”。因此，不仅要对科学技术的滥用进行控制，还要在源头上即科技成果的研发之初进行有效控制。在科技项目申请立项之初，相关评估部门就应该对之进行伦理审视或善恶论证。完全善或恶的成果几乎是没有的，如果恶大于善，或恶可能危及未来人类生存，那么此项目就必须严禁实施；反之，如果善远远大于恶，就可以进行研发，但要在源头上尽可能控制“恶”功能、最大限度地发挥善的功能。如汽车技术的研发问题，善的方面自不必说，恶的方面包括环境问题、安全问题等，因此在汽车研发与生产中应该设立严格的指标限定，只有达到某种环保和安全标准的汽车才允许研发和生产，即“预防为主”。就此，林德宏认为：“如果自然科学理论研究触犯了人类的根本利益，也应当禁止。”①

通过对我国重要基金项目申请书进行调研，包括国家自然科学基金项目、国家高技术研究发展计划（863 计划）和国家重点基础研究发展计划（973 计划）。发现只在 863 计划申请书中提到“本课题研究是否涉及敏感的科技伦理问题？（包括人类生命、人类生物样本、私人生命信息、基因信息等）”，除此之外，所有项目申请书中没有任何栏目涉及该项目科技成果的负面或可能负面影响。从这一点可看出，源头上我国对科学技术恶作用的控制几乎没有，我们认为这也是中性论科技观造成的必然结果。因此，转变科技观，从内在的“价值无涉”向“价值有涉”转变，树立科学技术“内在亦善亦恶观”势在必行。比较直接的方法，就是要在课题申请书中加入专门的一项进行科技成果善恶论证，并

① 林德宏：《关于社会对技术的必要约束——评技术价值中立论与价值自主论》，《东南大学学报》（哲学社会科学版）2000 年第 3 期。

要求对该项成果可能之恶的控制策略进行全面说明。课题申请人可能有意或无意地隐瞒项目的恶效应，但作为课题评审专家必须对该内容做重点考察，尽可能实现课题一旦立项，就可以最大限度地服务于人类。

我们应该时刻对科技乐观派观点保持警惕。“人类不但要征服地球，而且要征服整个宇宙”[①]，这种极端的乐观派观点是非常有害的。正如恩格斯所说：“我们不要过分陶醉于我们人类对自然界的胜利。对于每一次这样的胜利，自然界都对我们进行报复。每一次胜利，起初确实取得了我们预期的结果，但是往后和再往后却发生完全不同的、出乎预料的影响，常常把最初的结果又消除了。”[②]

三　科学技术的四种不确定性及其风险规避路径[③]

科学技术具有“不确定性”是其善、恶功能的根本原因，从不确定性维度准确理解科学技术的社会功能，有助于合理地规避可能产生的科技风险。用约纳斯的话讲，现代科学技术已然成为一种新的力量[④]，正在威胁着未来“人类必须存在”这一首要的绝对命令[⑤]，换个角度说，“人类无权毁灭自己”[⑥]。科学与技术本应成为人类获取自由解放的一种内在力量，但是，现代科技异化问题日益威胁着未来人类自身的生存。基于约纳斯“责任伦理”的相关思想，本节对科学技术[⑦]的四种不确定

① 艾柯尔、马克：《人类最糟糕的文明》，新世界出版社2003年版，前言。

② ［德］恩格斯：《自然辩证法》，人民出版社2015年版，第313页。

③ 本节部分内容发表于《中国石油大学学报》（社会科学版）2018年第2期。

④ ［德］汉斯·约纳斯：《责任原理：现代技术文明伦理学的尝试》，方秋明译，世纪出版有限公司2013年版，第5页。

⑤ ［德］汉斯·约纳斯：《责任原理：现代技术文明伦理学的尝试》，方秋明译，世纪出版有限公司2013年版，第57页。

⑥ ［德］汉斯·约纳斯：《责任原理：现代技术文明伦理学的尝试》，方秋明译，世纪出版有限公司2013年版，第49页。

⑦ 由于“科学中有技术……技术中有科学”（参见［德］汉斯·约纳斯《技术、医学与伦理学：责任原理的实践》，张荣译，上海译文出版社2008年版，第12页），二者具有内在的一致性，该处不作具体区分。

性进行微观解析，进而提出规避风险的逻辑路径，从而对不确定性进行必要的理性审视。

（一）科学技术的四种不确定性

汉斯·约纳斯面对现代技术带来的可怕后果，基于“忧惧启迪法”构建了一种未来导向的责任伦理。[①] 忧惧启迪法的首要逻辑前提就是科学预测的不确定性。[②] 科学技术的不确定性已经引起学界广泛关注，当我们谈论科技的不确定性问题时，事实上是把多个不确定性混杂在一起，使得问题不那么清晰。科技的不确定性包括逻辑上相互关联的四种不确定性：理论层面的不确定性、功能的不确定性、研究的不确定性和人类主观意志的不确定性。

1. 科学“理论”层面的不确定性

从历史和逻辑两个角度分析：从科学史演化看，科学一直处于发展变化之中，没有终点。亚里士多德物理学、生物学理论在认识上统治人类近2000年，从公元前300多年一直延续到近代科学革命。随着开始于哥白尼结束于开普勒、牛顿的“哥白尼革命”的完成，从而被取代。1687年牛顿发表《自然哲学之数学原理》，标志着牛顿力学占据科学界统治地位。但1905年、1916年爱因斯坦狭义和广义相对论的出现，牛顿力学的应用范围得以重新定义。我们有理由相信，爱因斯坦相对论以及薛定谔、海森堡等人创立的量子力学也会成为“历史上”的科学。这一系列科学史揭示着一个道理——科学一直处于发展演化之中。或者说任何科学理论都是某一时代的理论，都是可错的。对于科学有无终点，即所谓的“绝对真理”，负责任的回答只能是“不知道”。因此可以说，任何时代的科学理论本身都具有不确定性，与客观真理之间存在一定的距离。从逻辑角度看，科学同样不等于真理，具有相对性特征。库恩范式理论的重要产物之一就是科学的相对主义。以英国大卫·布鲁尔为首的科学知识社会学（SSK）强纲领引出的科学知识的“相对主义”，也从社会性维度

---

① ［德］汉斯·约纳斯：《责任原理：现代技术文明伦理学的尝试》，方秋明译，世纪出版有限公司2013年版，第65—66页。

② ［德］汉斯·约纳斯：《责任原理：现代技术文明伦理学的尝试》，方秋明译，世纪出版有限公司2013年版，第39—40页。

揭示出人类认识的相对性。英国科学实践哲学家南希·卡特赖特提出，“描述这个世界的定律是拼凑的”①，即使在科学界“硬度”最高的物理学定律也并不是对自然界本身的描述，也是会撒谎的。② 总之，由于“科学认识对象的复杂性和认识主体的局限性”③，必将导致科学理论层面的不确定性问题。

2．技术“功能”层面的不确定性

在前两次技术革命中，人类看到了技术的巨大威力，对技术产生了过度崇拜，认为技术是解决人类面临一切问题的灵丹妙药。但是，20世纪上半叶发生的10大环境污染事件，给我们敲响了警钟，揭示出技术的负面影响同样巨大。无论是在成果研发阶段还是应用阶段技术功能都具有明显的不确定性。以诺贝尔奖为例，1948年生理学或医学奖获奖成果——DDT，最初只是发现，这是一种高效杀虫剂，在农业生产中广泛运用。但20多年后，科学界发现这种农药对包括人类在内的各种生物危害巨大，到20世纪末，世界各国开始全面禁止使用。蕾切尔·卡逊《寂静的春天》基于这一科学案例，开启了环境伦理学新时代。但近年来，科学家发现卡逊书中所述存在一定问题，DDT的危害到底有多大尚存质疑。在非洲等落后地区，DDT对抑制庄稼的传染病及病虫害等方面仍然可以发挥重要作用，因此，DDT又得到一定范围的使用，未来如何发展还有待时间的证明。这一案例揭示出，我们难以一次性地确定科学技术的社会功能。人类技术利用史上，此类案例比比皆是，比如核能的和平利用，引出核泄漏、核污染事件；再比如分子遗传学的研究，虽然抱着善的目标，但最终结果出乎实验者本人的意料。④

3．科技“研究”层面的不确定性

科学理论本身的不确定性引出了科技“研究”的不确定性问题，科技功能的不确定性又植根于科技研究的不确定性。正像拉图尔所说，科

① ［英］南希·卡特赖特：《斑杂的世界：科学边界的研究》，王巍等译，上海世纪出版集团2006年版，第1页。

② ［英］南希·卡特赖特：《物理学定律是如何撒谎的》，贺天平译，上海科技教育出版社2007年版，第38页，

③ 徐凌：《科学不确定性的类型、来源及影响》，《哲学动态》2006年第3期。

④ ［德］汉斯·约纳斯：《技术、医学与伦理学：责任原理的实践》，张荣译，上海译文出版社2008年版，第67页。

学研究“充满着不确定性”[①]。部分科学技术的前沿研究可能带来一系列恶的结果，比如分子生物学及其带来的人体实验问题，就预示着一系列“可怕的可能性”[②]，让我们不寒而栗。由于人类认识能力的局限和自然界的复杂性，即使自然界存在着某种确定性规律，人类也不见得能够认识到，就算相信未来人类能够做到，也没有理由认为我们这一代乃至某一历史时代的科学家已经做到了或能够做到。科学与技术研究的不确定性也具有明显的内在一致性，约纳斯把科学与技术的关系比作母亲与女儿的关系，[③]“母亲”的不确定性必将带来“女儿”的不确定性，即基于科学理论的技术演化具有明显的不确定性。布莱恩·阿瑟基于复杂性思想探索了技术的本质问题，技术的演化具有自相似的“递归性”特征，由于“初始条件敏感依赖性”的存在，递归性演化必将带来技术演化的不确定性以及未来预测的不可能性。[④]

4. 源于科学家、工程师以及使用者“主观意志”的不确定性

我们必须承认个体思维的差异性，甚至一个人在不同时期、不同情境下的想法、做法也具有不确定性。科学技术从研发到使用都必须由具有主观意志的人来执行，具有不确定性的人类主观意志必将带来一系列可能的不确定性。对于科技研发人员——科学家和工程师而言，他们的目的可能是“为了人类解放与自由”“为了人类福祉”，也可能是“为了一己私利”，更甚者是为了“灭绝人类”。在科学技术发展史上，怀揣各种目的的研究人员都可以见到。一项技术成果一旦出现，只要有人用它“行善”就会有人用它“为恶”。更深一步，伦理学上的困境又提出新的难题——善恶本身的不确定性。

（二）风险规避的逻辑路径

科学技术涉及的一系列不确定性隐含着一系列的可能风险，不同种

① ［法］布鲁诺·拉图尔：《我们从未现代过》，刘鹏等译，苏州大学出版社2010年版，中文版序言1。

② ［德］汉斯·约纳斯：《技术、医学与伦理学：责任原理的实践》，张荣译，上海译文出版社2008年版，第18页。

③ ［德］汉斯·约纳斯：《技术、医学与伦理学：责任原理的实践》，张荣译，上海译文出版社2008年版，第70页。

④ ［美］布莱恩·阿瑟：《技术的本质：技术是什么，它是如何进化的》，曹东溟、王健译，浙江人民出版社2014年版，第37页。

类的不确定性需要从不同维度或路径规避其可能存在的风险。

第一种不确定性，即科学“理论”层面的不确定性从根本上无法规避，只可理性待之。因为，这种不确定性的根源有两方面：一是在于科学技术自身的开放性，导致科学理论与自然界的不一致性。科学到底是人类发现的自然界内在具有的规律，还是人类实践过程中创造的文化产品[①]，也许永无定论。这必然为科学与自然的不一致永远敞开着一扇门。当使用人类“创造”的不确定性科学进一步认识和“改变”自然之时，必然会带来一系列可能的问题。二是在于人类主观认识能力的缺陷，更准确地说是人类认识能力之于自然界自身复杂性而言的局限性。近代科学革命的胜利，使人类对自身认识能力产生了过度自信，直到普利高津宣告“确定性的终结”[②]，“探索复杂性”[③]，科学开始进入复杂性时代，才使人类觉醒，自然界的复杂性也许远远超过人类的认识能力。“正因为自然永远隐藏着无限奥秘，故她永远握有惩罚人类的无穷力量！”[④] 面对人类的局限性和自然的复杂性，我们所能做的只能是尽可能提升人类的认识水平，推进科学理论与自然界的一致性，从而降低科学理论层面不确定性带来的可能风险。

对于第二种不确定性，即科技“功能”层面的不确定性，规避重点应从“应用期”调整为“研发期”，技术并非只有在被滥用时才显示其恶的一面，当它被善意地使用时仍有其风险，恶的萌芽恰恰是与善相伴而生，与其说危险在于放弃不如说在于成功。[⑤] 技术的福祉包含着技术的威胁[⑥]，现代技术的“犁铧”与其“剑”都可能存在着长期危害性。[⑦]

---

① ［美］安德鲁·皮克林：《作为实践与文化的科学》，柯文、伊梅译，中国人民大学出版社 2006 年版。

② ［比］伊利亚·普利高津：《确定性的终结——时间、混沌与新自然法则》，湛敏译，上海科技教育出版社 1998 年版。

③ ［比］普利高津、尼科里斯：《探索复杂性》，罗久里译，四川教育出版社 2010 年版。

④ 卢风：《科学的革命与文明的革命（代序）》，《环境哲学：理论与实践》，南京师范大学出版社 2010 年版。

⑤ ［德］汉斯·约纳斯：《技术、医学与伦理学：责任原理的实践》，张荣译，上海译文出版社 2008 年版，第 25 页。

⑥ ［德］汉斯·约纳斯：《技术、医学与伦理学：责任原理的实践》，张荣译，上海译文出版社 2008 年版，第 31 页。

⑦ ［德］汉斯·约纳斯：《技术、医学与伦理学：责任原理的实践》，张荣译，上海译文出版社 2008 年版，第 30 页。

正像约纳斯所说，迄今的经验证明，凡是人们能做的事几乎都做了。[①]某项技术成果产生之后再对它进行控制，效果必将大打折扣。因此，笔者提出应该在研发阶段就对可能产生的善恶结果进行提前反思，未雨绸缪，"必须从克制使用力量走向克制掌握力量"[②]。只有某项科研成果可能带来的善远远大于恶才允许研发，反之在研发阶段就应该制止——扼杀于萌芽。有一种观点认为，科技发展过程中出现的问题只有通过新的科学技术才能获得解决。但是我们必须意识到，"任何解决方案总是和新问题的产生相关联"[③]。新的科学技术的确可能解决之前出现的问题，但是很可能带来更为严重的后果。因此，从研发阶段开始审视、控制是规避科技功能不确定性的主要途径。

规避科技"研究"的不确定性和人类"主观意志"的不确定性，需要从短期和长期两个维度分析。从短期看，只有通过法律来避免。完善相关法律制度，从而规避其不确定性；从长远看，科学技术的"人文关怀"是必须给予高度重视的。科学技术的研究和应用需要人文关怀，实现人文精神与科学精神两种文化的融合。人文精神或人文情怀的缺失是导致一系列科技负面影响产生的重要原因之一。努力提升科研人员的人文素养，可以有效降低可能带来的风险。当今部分科学家只关注科学发现或技术发明，不太关心科技可能给人类带来的影响甚至危害。在高技术开发和应用过程中，应尽可能追求"绿色"和"人文"高技术，前文已述不再重复。同时，要特别重视科学家和工程师培养过程中的人文教育，具体包括两方面内容：一是通过人文社会科学解析科技异化问题；二是对科研开发和应用过程中"主体"方方面面的"教化"问题。只有提升科学家们的人文素养，增加人文情怀，才是从某种程度上降低不确定性可能风险的长远举措。甚至某种意义上增加人文关怀，实现科学精神与人文精神的统一，是解决这一问题的根本路径。

---

① ［德］汉斯·约纳斯：《技术、医学与伦理学：责任原理的实践》，张荣译，上海译文出版社2008年版，第250页。

② ［德］汉斯·约纳斯：《技术、医学与伦理学：责任原理的实践》，张荣译，上海译文出版社2008年版，第48页。

③ ［德］汉斯·约纳斯：《技术、医学与伦理学：责任原理的实践》，张荣译，上海译文出版社2008年版，第7页。

（三）理性审视科学技术的不确定性

科学技术的四种不确定性从不同方面影响着人类社会的健康发展。理论上讲，技术水平越高即人类的权力或力量[①]越大，益处和风险都同时提升。从物质生活质量提高方面，我们必须感谢科学技术，如果没有现代科学技术，我们不可能有当下如此便捷的生活；如果没有现代医学技术，我们的寿命不可能这么长久；如果没有信息技术，全世界各国人民之间的交流也不可能如此及时高效……因此，我们既要肯定科技的价值，但也不能忽视不确定性带来的可能风险。我们应该特别警惕技术成就给人类带来的盲目自信，正像史蒂夫·奥尔森所言，技术“成为一股强大的解放力量”，帮助我们“征服自古以来为害人类的祸端”。[②] 这种态度在科学界具有较强的代表性，他们完全忽略了科学技术的不确定性及其潜藏的风险。

科学的不确定性也存在积极的效应，恰恰是不确定性成就了科学进步之源。不确定性引出的问题可以成为下一步研究的逻辑起点。不确定性是科学技术的内在特征，在逻辑上，正是不确定性推进着科学技术的发展演化。虽然技术演化有其内在的必然性，但技术系统的复杂性以及人类认识能力的局限性，必将带来认识结论的不确定性，从而潜存着一系列可能风险。从另一个方面讲，更倾向于一个技术悲观主义者也自有其价值所在。无论从埃吕尔还是阿瑟的观点看，技术自主论都有其合理性，科学技术问题就像潘多拉魔盒，一旦打开，就覆水难收。只不过跑出来的东西具有两面性，一面是魔鬼一面是天使。随着技术的发展水平越来越高，可能给人类带来更大益处，但同时可能的伤害也会更为严重，甚至无法挽回。正如约纳斯在其《责任原理：现代技术文明伦理学的尝试》的序言中所说：“现代技术……已经把人的力量凌驾于一切已知或可以想象的东西之上。……技术可能朝着某个方向达到了极限，再也没有回头路，由我们自己发起的这场运动最终将由于其自身的驱动力

---

① ［德］汉斯·约纳斯：《责任原理：现代技术文明伦理学的尝试》，方秋明译，世纪出版有限公司 2013 年版，第 5 页。

② ［美］史蒂夫·奥尔森：《人类基因的历史地图》，霍达文译，生活·读书·新知三联书店 2008 年版，导言。

而背离我们，奔向灾难。”[①] 作为人类的我们有责任考虑未来人类的生存问题，也是必须考虑的问题。在科学发现过程中我们时刻与不确定性、不可预测性相伴，多一份人文关怀，可以有效降低或避免科技的不确定性带来的可能风险，从而最大限度发挥科学技术的正效应，抑制负效应。

由于自然界的复杂性、科学技术的不确定性，人类根本没有能力完全消除科学技术的不确定性，从而消除“预言的不确定性”[②]。我们应该以客观的态度“畏惧自然”[③]、以“谦卑”的态度尊重自然。[④] 人类只是自然界这一复杂有机体的组成部分[⑤]，并不能凌驾于自然、科技之上。整个自然界或地球就是一个大的生命有机体，即“盖娅”，如果我们过度地“伤害它”，有朝一日它可能为了保全自身而抛弃我们人类。[⑥] 由于科学技术的自主性，我们也应该以“谦卑”的态度尊重和理解科学技术的不确定性，切莫盲目地以为科学技术是人类手中万能的工具，人类可以用它为所欲为而不会受到惩罚。约纳斯的“忧惧启迪法”可以为我们提供方法论资源[⑦]，只有抱着对未来的恐惧[⑧]，才可能有一个不那么令人恐惧的未来，或者直观地说人类才可能有未来，做到可持续发展。

---

① ［德］汉斯·约纳斯：《责任原理：现代技术文明伦理学的尝试》，方秋明译，世纪出版有限公司 2013 年版，第 1—2 页。

② ［德］汉斯·约纳斯：《责任原理：现代技术文明伦理学的尝试》，方秋明译，世纪出版有限公司 2013 年版，第 39 页。

③ 叶立国：《复杂系统视阈下“畏惧自然”的内在逻辑及其方法论价值》，《2020 年中国环境伦理学环境哲学学术年会文集》，2020 年。

④ ［美］保罗·沃伦·泰勒：《尊重自然：一种环境伦理学理论》，雷毅等译，首都师范大学出版社 2010 年版。

⑤ 叶立国：《范式转换：从“人与自然的关系”到“人类在自然中的角色”》，《系统科学学报》2021 年第 3 期。

⑥ ［英］詹姆斯·拉伍洛克：《盖娅：地球生命的新视野》，肖显静等译，上海人民出版社 2007 年版，序。

⑦ ［德］汉斯·约纳斯：《责任原理：现代技术文明伦理学的尝试》，方秋明译，世纪出版有限公司 2013 年版，第 37 页。

⑧ ［德］汉斯·约纳斯：《技术、医学与伦理学：责任原理的实践》，张荣译，上海译文出版社 2008 年版，第 44 页。

四　科技事故三重“责任主体”的确立及其规范价值

道德“关怀范围”的扩展是环境伦理学中最为核心的问题，与之类似，道德“责任主体”拓展问题，也应该成为伦理学讨论的重要议题。准确厘定科技伦理事件的责任主体及其责任范围是问题得以合理解决的前提与保障。2011年“福岛核事故”引起的核污染问题已经成为环境伦理乃至科技伦理中的焦点问题，合理确定该事件的责任主体，以及每一个或类主体的责任范围是提出科学的应对之策的逻辑前提，也可以为未来科技发展及其规范问题提供重要启示。在福岛核事故中，日本政府和东京电力公司是首要的责任主体，这一点不可否认，但除它们之外，是否还存在其他责任主体，是必须深入探讨的问题。下面将以“福岛核事故”为例，深入解析科技伦理事件中的相关责任主体，进而展示相应的规范逻辑。

（一）约纳斯“责任与力量相关”原则的内在逻辑

20世纪后半叶，三位名叫“汉斯”的德国哲学家，汉斯·约纳斯、汉斯·萨克塞和汉斯·伦克，确立起了伦理学尤其是技术伦理学中的一个重要流派——责任伦理学。在责任伦理学中，义务、功利等不再成为考察的重点，“责任”概念成为“伦理学的中心课题”。[①] 责任伦理基本上都强调两个维度的问题：一是指向过去，通过追问结果产生的原因来确定责任，即因果责任；[②] 二是指向未来，通过确立力量（power）与责任的逻辑关系，从而确立起一种未来导向的伦理学。[③] 在约纳斯看来，

① ［德］阿明·格伦瓦尔德：《技术伦理学手册》，吴宁译，社会科学文献出版社2017年版，第248页。

② ［德］阿明·格伦瓦尔德：《技术伦理学手册》，吴宁译，社会科学文献出版社2017年版，第66页。

③ ［德］汉斯·约纳斯：《责任原理：现代技术文明伦理学的尝试》，方秋明译，世纪出版有限公司2013年版，第50页；王国豫等：《德国技术伦理的理论与作用机制》，科学出版社2018年版，第19页。

由于“责任与力量相关，所有力量的范围和种类决定责任的范围和种类……你应该是因为……你能够”①。总之，在任何一个事件发生过程中，“责任主体”拥有多大的“力量”（或能力）就应该承担多大的责任，或者说，任何主体都不应该承担超出自身能力范围的责任。伦理责任都是建立在“自由”之上的，任何人都有做某事或不做某事的自由，由于“责任伦理”中的责任强调因果关系，因此，这里的责任主要指向的是积极自由，即行为的发出者“行为体”应该为行为产生的结果负责任，这里的“行为体”即责任主体。举例来说，如果一个成年人主动伤害一名小孩子，那么他应该为其行为负责任；反之，如果他没有救一位已经受伤的小孩子，他不需要为其可能的后果负责任，因为二者不具有因果关系。另外一点也特别重要，如果一个行为体没有力量或能力控制一个行为及其可能后果的发生，那么他或它也就不构成该事件发生的责任主体。此外，“责任”通常意义上针对的是某一事件产生的“恶”果，但在学术上，不仅包括“恶”果，也包括“善”果。下面将根据以上原则，逻辑地确立起福岛核事故的“三重”责任主体，并依据“力量与责任相关”原则，阐明其“责任范围”。

（二）科技发现和发明人何以成为伦理事件的“责任主体”

在“福岛核事故”中，作为科技产品的“使用者”日本政府和东京电力公司有能力选择使用或不使用核技术，即建造核电站，因此，它们的“责任主体”地位是毋庸置疑的。另外，只要技术使用者选择不使用该项科技成果，那么可能的风险就不会发生，在这一点上，科技“使用者”构成科技伦理事件的“第一”责任主体。对于使用者而言，拥有选择科技产品的能力，那么在使用某科技产品前，理应利用科学家们的研究成果作出全面评估，作出使用与否的合理选择。如果选择使用该科技产品，需要在使用之前就未雨绸缪地制定可能事故的解决方案，尽可能防止不可控伤害的发生。如果事故已经发生，出现了没有充分预知或没有做好充分预案的问题，比如福岛核污水问题，那么此时应该联合科技

---

① ［德］汉斯·约纳斯：《责任原理：现代技术文明伦理学的尝试》，方秋明译，世纪出版有限公司 2013 年版，第 162 页。

工作者以及相关利益群体，共同商讨解决之策，争取把对相关群体的伤害降到最低。

在确立日本政府和东京电力公司“责任主体”及“责任范围”的同时，我们还必须意识到科技使用者事实上并没有用全部的力量控制伦理事件的发生。自从核技术广泛利用以来，世界不同地区陆续发生过各式各样的核污染事件，如著名的苏联切尔诺贝利核事故、美国三哩岛核事故等，还有很多或大或小的核污染事件的发生。这一点揭示出核技术的“使用者”并没有绝对的能力完全避免核污染事件的发生，正像“墨菲法则”所言只要可能的就一定会发生。如果不同的使用者都可能带来类似的核污染事件，那么使用者以外的“责任主体”逻辑必然地成为我们必须追问的对象。

为了简化问题，下面以“飞机发明人莱特兄弟是否应该为今日空难死难者负责任”为例进行分析。在今日空难中，由于飞机故障或飞行员操作不当导致空难发生，因此，作为使用者飞行员和航空公司应该负有一定甚至主要责任，这一点没有争议。但有一点经常被忽视，如果没有莱特兄弟的发明创造就不会有今天的空难发生，可以说二者之间存在必然的因果联系，因此他们同样担负着不可推卸的责任。肯定存在一种反对意见：发生事故的直接原因是技术使用者带来的，不应该归咎于发明人。我们看到，自从飞机诞生以来，大大小小的空难陆续发生，这一点足以揭示出航空公司和飞行员并不具有完全的能力避免空难的发生。换个角度说，如果科学家不需要为他们的发明创造可能给人类带来的伤害负责任，那么他们也不应该为其贡献受到后人奖赏。现实中，我们感谢科学家们的发明创造给人类带来的便利，那么相应地他们就没有理由推脱其发明给人类带来伤害的责任。荣誉与责任是不应该拆分的，如果只承认益处，不需要为伤害担责，技术发明人将会肆无忌惮。在现代技术发展中，科学承担着理论基石的角色，与技术发明之间存在着必然的逻辑联系，因此科学家同样应该对自己的创造性发现负责任。

把以上结论运用到福岛核事故分析中，在原子能利用过程中，爱因斯坦发现质能方程、哈恩发现核裂变以及奥本海默领导曼哈顿工程等都在其中扮演了重要角色，因此，这些科学家同样构成核事故“第二层次”的责任主体。相对于使用者而言，技术发明人或科学发现者对科技产品可能给人类带来伤害方面的控制能力相对较弱，那么他们应该承担的是“第二”责任主体的身份。进入到科学与技术内部，技术发明人对技术前景的预测更为确定，其控制能力也相对更强，因此其承担的责任也要多于科学家。作为责任伦理学的代表人物之一，汉斯·伦克特别关注“科学工作者和技术人员的责任”① 问题，并对各种可能的责任进行了细致的梳理和分类。② 汉斯·萨克塞认为，“科学家和技术人员应当认识到自己的特殊使命”，并对其“提出了几点希望和要求”，包括发扬科学家的良知、向公众传播科学技术知识、保护环境、对技术措施作出全面的评估等内容。③ 基于以上观点，笔者把科技工作者的责任简单总结为：科技研发均有禁区、规范科技成果的合理使用，并对可能出现的问题给出科学合理的对策。

有一点需要说明，需要“担责”不等于一定要“追责”。很多人可能会说，就算科技发明者有责任，现实中也无法做到追责，因此该观点无意义。这种反驳无法成立，是否应该担责与能否做到追责是两个不同的问题。如果爱因斯坦应该为福岛核事件承担一定的责任，我们就需要把他的光环降低一些亮度，如果未来人类的命运完全毁于核污染事件，那么他需要承担的责任将会更大。爱因斯坦需要对核技术的“恶果”担责，同样也必须对其“善果”即善的结果“担责”。如果未来核技术永久性地解决了人类的能源问题，又不至于造成较大的或不可逆转的伤害，那么我们就应该在其光环上再增加一些亮度，增加一些荣耀。

（三）科学技术本身何以成为伦理事故的“责任主体”

杨通进认为：“随着伦理思维空间的扩展……人类不仅不再是唯一的道德承受体，也不是唯一的道德行为体。”④ 在这种思路下，具有越来越强的自主性的科学技术也可以成为“道德行为体”，那么它就理应为

① 王国豫等：《德国技术伦理的理论与作用机制》，科学出版社 2018 年版，第 32 页。

② 王国豫等：《德国技术伦理的理论与作用机制》，科学出版社 2018 年版，第 24 页。

③ 王国豫等：《德国技术伦理的理论与作用机制》，科学出版社 2018 年版，第 22—23 页。

④ 杨通进：《道德关怀范围的持续扩展——从非人类动物到无生命的机器人》，《道德与文明》2020 年第 1 期。

自己的行为产生的后果“负”责任。墨菲法则告诉我们“只要可能的就一定会发生”，实践中也一直在印证着这一法则的现实必然性。自从人类拥有了核技术之后，或大或小的核污染事件就在陆续发生；自从有了飞机、汽车之后，各种空难或交通事故变得不可避免；自从有了基因编辑技术，各种不合理使用也开始出现。基于各种不胜枚举的示例，可以说，只要一项技术“产品”①诞生，它在服务于人类的同时，可能给人类带来的伤害会必然发生。福岛核污染事件发生的直接原因是自然灾害“地震”，这一点揭示出，已经产生的核技术不仅不再受技术发明人的控制，技术使用者同样无法完全控制可能伤害事件的发生。可以说，这一状况已经超出了“使用者”和“发明者”的“力量”范围，依据约纳斯“力量—责任”对等原则，除了使用者和发明人之外，还应该追究另外的“责任主体”，即“科技”本身的责任。②

我们需要从技术的意向性和自主性两个方面分析科技的责任主体问题。依据伊德技术现象学思想，作为人与世界“中介”的技术具有意向性、指向性特征，或约纳斯意义上的目的论问题。以“刀”为例更为简洁一些，刀具有“切”的意向性，可以指向“菜”也可以指向“人”。传统观点认为刀的主体是使用者——人，离开了人，刀也就不可能存在切的行为，在海德格尔看来，任何工具都“依赖于一种使用的语境”③。从历史和实践维度看，自从“刀”产生以来，内在意向性展现为外在的行为变得不可避免，因此可以说，任何作为个体的人都已经失去了对它的完全控制“力量”，与之相应，人也将失去与此“力量”相对应的“责任”，这部分“责任”只能归咎于技术本身。把以上逻辑运用到核技术问题上，核技术甚至质能方程都拥有超越人类控制能力之外的利于人类和伤害人类的指向性。另外一个理由在于“技术自主性”问题，埃吕尔、温纳等人提出的技术自主论揭示出技术的演化有其自身内在的逻辑，某种意义上人类已经对其失去部分控制。经常会有人说，如果没有

---

① 本书使用科技产品而非科技成果，因为相对于后者而言，前者更为中性。

② 笔者虽然是在约纳斯思想框架下推出的结论，但他本人仍然具有明显的康德主义意味，并没有把责任主体扩展到非人存在物，比如“科技”。

③ ［美］唐·伊德：《让事物“说话”：后现象学与技术科学》，韩连庆译，北京大学出版社 2008 年版，第 42 页。

莱特兄弟也会有其他人发明飞机，这一点恰恰体现着技术不完全受人类控制的一面。如果一项技术是“恶”的技术，其发展演化又具有很强的自主性，人类应该联合起来应对其可能给人类带来的伤害，包括曾经获得诺贝尔奖的DDT、核能利用技术和基因编辑技术等都应该纳入其中。具体到核能技术方面，人类应该通过开发和利用自然能源的方式取而代之。总之，人类应该始终保持“畏惧”的心理状态，时刻警醒技术已经拥有了恐怖潜能，有“力量”彻底毁灭地球上高级生命的生存条件，进而毁灭人类的生存。①

有一种观点认为科技产品本身不应该承担责任，应该承担责任的是发明者和使用者。如果科技产品一旦产生，其善恶就不可避免的话，只是对使用者进行监管是远远不够的，或者说滥用或意外导致的伤害没有办法根本剔除，因此，我们应该在研发之前就做到未雨绸缪。同时，由于任何科技产品均有其可能伤害人类的一面，这一点之于发明者而言同样超出其“力量”范围，只能通过严格限制甚至取消的方式防止其伤害人类。另外，研发前预测有其局限性以及使用过程中的不确定性，也要求我们对某些高科技产品进行严格控制，准确定位“责任主体”之于对策制定而言至关重要。如果只有使用者应该为科技产品导致的结果承担责任，那么我们只需限制使用者即可；但由于发明者同样有责任，因此科技工作者人文精神的培育就显得尤为重要。

让我们再回到福岛核污染事故，特别是核污水排放问题上来，日本政府和东京电力公司作为事故的第一责任主体，理应承担责任。全世界核科学家们也应该联合起来，共同研究和制定最为合理的处置核污水的方略，从而把对人类的伤害尽可能降到最低。按照日本政府当前采取的核污水排放方式，未来将给环太平洋地区带来不可逆转的持久伤害。依据约纳斯责任伦理的绝对命令——“人类必须存在②……永远不可把人类的生存置于危险之中”③，因此，消除核威胁最根本和最彻底的解决路

① ［德］汉斯·约纳斯：《技术、医学与伦理学：责任原理的实践》，张荣译，上海译文出版社2008年版，第29页。

② 约纳斯承认“人类必须存在”这一观点存有争议但仍然是一种有说服力的观点，虽然一些环境伦理领域的学者对这一观点存有异议。

③ ［德］汉斯·约纳斯：《责任原理：现代技术文明伦理学的尝试》，方秋明译，世纪出版有限公司2013年版，第57、50页。

径也许应该是通过清洁能源或自然状态下的能源形式，如太阳能、风能、生物质能等的使用逐步替代核能。

问题探究

1. 你认为科技事故发生的主要根源包括哪几个方面？应该如何避免？能否完全避免？重点是对其观点进行合理性论证。

2. 智能机器人是否应该拥有道德层面的“责任主体”地位？也就是说他们（它们）是否应该对自己的行为产生的社会后果承担责任？智能机器人是否应该成为道德关怀的“客体”？

3. 科学技术的发展是否可以从根本上解决人类面临的各种问题？新的科技产品是否会带来新的问题？在未来，科学技术是否有可能毁灭人类？人类又该如何应对呢？

延伸阅读

1. ［美］迈克尔·桑德尔：《反对完美：科技与人性的正义之战》，黄慧慧译，中信出版社 2013 年版。

2. ［德］汉斯·约纳斯：《技术、医学与伦理学：责任原理的实践》，张荣译，上海译文出版社 2008 年版。

3. ［美］帕特里克·林、凯斯·阿布尼、乔治·A. 贝基：《机器人伦理学》，薛少华、仵婷译，人民邮电出版社 2021 年版。

4. ［德］阿明·格伦瓦尔德：《技术伦理学手册》，吴宁译，社会科学文献出版社 2017 年版。

5. ［德］汉斯·伦克：《人与社会的责任：负责的社会哲学》，陈巍等译，浙江大学出版社 2020 年版。

6. Lin，P.，R. Jenkins，and K. Abney. Ed.，*Robot Ethics* 2.0：*From Autonomous Cars to Artificial Intelligence*，Oxford University Press，2017.

专题五

科学技术的发展模式与动力

本专题的选题背景及意义

中宣部、教育部文件指出，针对硕士研究生开设《自然辩证法概论》这门课，是为了“帮助硕士生掌握辩证唯物主义的自然观、科学观、技术观，了解自然界发展和科学技术发展的一般规律，认识科学技术在社会发展中的作用，培养硕士生的创新精神和创新能力”①。

对科学技术发展模式与动力的学习和研究，有利于实现上述教育目标。所谓科学技术的发展模式，指的是科技发展在整体、宏观层次上所体现出来的规律性或结构性的特征。所谓科技发展的动力，指的是对科技发展的方向、速度、模式产生作用的影响因素，这些因素，有的潜含在科技自身之中，是一种内在动力，有的则牵涉到经济、政治、文化等社会因素，可被视为外部动力。

对科技发展模式与发展动力的理解，一是有助于从动态演变的角度把握科学技术的整体特征，认识这一过程的规律性，并展望未来科技发展的趋势。二是通过科学技术在发展过程中呈现出来的这些特征，对科技研究的认识论、方法论产生更深刻的认识。比如，实证主义、证伪主义、范式论，既与科学发展的模式相联系，也与科学研究的方法论联系在一起，二者存在密切的关联，科技发展的模式内在蕴含着科技研究的方法论启迪。三是通过对影响科技发展的社会因素的分析，可以为营造

---

① 《中共中央宣传部、教育部关于高等学校研究生思想政治理论课课程设置调整的意见》。

有利于科技进步的文化氛围、制度环境、政策支撑提供洞见。四是科技发展的过程，实际上也是一个科技创新的过程，对科技发展过程的规律性认识，也能够对科技创新活动提供有益的启示。

最后，硕士研究生除了应当熟悉、理解本专业所涉知识的历史发展脉络与未来趋势以外，也应当跳出本专业的框架，对科技进步的整体图景有一个宏观的透视与大致的把握，以提升知识视野的“格局”，并反过来在这个大格局中认识自己所学具体专业所处的位置及其所能发挥的作用。

科学技术的发展模式，指的是科技发展在整体、宏观层次上所体现出来的规律性或结构性的特征。科技的发展模式，并不是在时间的河流中自然显现出来的清晰图像，而是对科技史进行梳理、重建后所识别出来的建构之物。科技发展的动力，指的是对科技发展的方向、速度、模式产生作用的影响因素，这些因素，有的潜含在科技自身之中，是一种内在动力，有的则牵涉到经济、政治、文化等社会因素，可被视为外部动力。

一　科学发展的模式

由于科学发展的过程非常复杂，如果将其中的每一个事件、每一项成就一一列举，那就成了一堆科学史料的无序堆砌，成了一个“流水账”，必然是一团乱麻，从中看不出逻辑，看不出条理，看不出脉络。为了解决这个问题，科学史家、科学哲学家以及科学社会学领域的学者，就要提出一个理论性的框架，把史料往这个框架里填充，使之呈现出“规律”“秩序”与“逻辑”，这就得出所谓的发展模式。当然，这并不是说科学发展的模式是纯粹主观性的产物，是康德意义上的“人为自然立法”，它必须有解释功能，必须能自圆其说，必须能逻辑上自洽，必须在一定程度上与史料相符。需要指出的是，没有任何一种模式对科学发展的描述是完美的，它们各有各的优点，也各有各的缺陷，我们需要辩证地看问题，多角度地加以审视。

（一）实证主义：科学发展的累积式模式

对科学的一种常识性的理解，便是归纳主义的科学观。这种观点将科学知识看作一系列真命题的集合，科学家的工作，就是通过不断地观察与归纳，去积累真命题，科学的发展表现为科学知识的增长，即科学宝库中真命题的数量的增加。

当然，科学知识的积累也不一定表现为机械式的累加、简单的做“加法”，它也可以包括某种整合过程，即旧的知识被整合在新的知识当中，通过这种方式实现科学的进步。对此，惠威尔给出的是支流——江河类比，他认为科学的每一个进展相当于一条条支流，逐渐汇合成江河。例如，牛顿理论就综合了伽利略和开普勒的定律。①

作为第一个“成型”的科学哲学学派，维也纳学派将归纳主义的立场加以精致化。维也纳学派强调，只有能够实证的知识，才是有意义的。能够实证的知识，必须最终可以还原为人的感觉经验，感觉经验来自观察/实验，可以用观察命题表达。按照这个逻辑，科学研究活动应当从观察/实验开始，获得感觉经验后，再通过归纳法加以处理，上升到假说。如果说感觉经验可以转化为一个或者一组与观察相联系的单称命题，那么假说则表现为一个全称命题，体现了某种普遍性的概括与上升。该假说引出的推出命题如果通过了进一步的观察/实验的证实，这个假说就可以作为科学理论来看待。

总而言之，“逻辑实证主义认为，科学发展的过程如下：感觉经验→归纳→假说→观察/实验→科学理论”②。这一过程描绘的是一幅科学理论的不断提出、不断增长的图景，从中可以看出，科学理论的发展是线性的、累积式的。逻辑实证主义的代表人物卡尔纳普把这种累积过程比喻成中国的“套箱”：随着科学的不断发展，新的理论像一个大的套箱，将旧理论套在里面，一层一层逐渐地套下去。③ 内格尔也指出：

---

① John Losee, *A Historical Introduction to the Philosophy of Science* (*Fourth edition*), Oxford/New York: Oxford University Press, 2001: 109 - 110.

② 殷杰、郭贵春主编：《自然辩证法概论》，高等教育出版社 2020 年版，第 125 页。

③ ［美］约翰·洛西：《科学哲学历史导论》，邱仁宗等译，华中工学院出版社 1982 年版。

"科学理论的发展表现为一个相对自足的理论为另一个内涵更大的理论所吸收，或者规划到一个内涵更大的理论"①，他的这一观点与卡尔纳普是类似的。

（二）证伪主义：科学发展的否证式模式②

以逻辑实证主义为代表的实证主义者所描绘的科学发展的累积式模式虽然比较符合常识性的理解，但却不能很好地与科学史的实际相一致，存在着不可忽视的缺陷。

英国科学哲学家波普尔对逻辑实证主义的观点进行了强有力的反驳。他认为逻辑实证主义对科学的理解有误，科学理论（严格说来都是假说）是无法被证实的，因为，理论的证实依靠的是归纳逻辑。在归纳逻辑当中，从前提到结论的推导存在着思维的跳跃，结论超出了前提，其正确性无法保证。相反，否定一个理论（假说）则是决定性的，如果某一个理论的推出命题与经验观察不符，从逻辑上来说，对后件的否定会否定前件，即：如果 A→B，那么，非 B→非 A。此外，证实一个理论，需要依赖于大量的观察命题，严格说来，这需要穷尽样本空间，数量可以达到无限，这在实践中无法操作。反之，证伪一个理论，只需要找到一个与理论相矛盾或者说被理论所排斥的观察命题即可。这就是说，证实一个命题与证伪一个命题所需要的信息量是明显不对称的，证实一个命题所需要的信息量甚至可以达到无限大，而证伪一个命题所需要的信息仅为一个单称观察命题，所以证实不可行，只有证伪才是可行的。

波普尔把理论的可证伪性作为区分科学与非科学的标志，也同样基于证伪主义的思路提出了科学发展的模式。

首先，波普尔认为科学研究应当是从提出问题开始的，而不是从观察/实验开始。对此，波普尔指出："科学开始于问题，而不是开始于观

---

① ［美］欧内斯特·内格尔：《科学的结构》，徐向东译，上海译文出版社 2005 年版，第 38 页。

② 参见［英］卡尔·波普尔《科学发现的逻辑》，查汝强、邱仁宗、万木春译，中国美术学院出版社 2008 年版；［英］波普尔《猜想与反驳——科学知识的增长》，傅季重、纪树立、周昌忠、蒋戈为译，上海译文出版社 2005 年版。

察……科学和知识的增长永远始于问题，终于问题——愈来愈深化的问题，愈来愈能启发新问题的问题。”① 之所以科学研究应当从提出一个问题开始，是因为没有问题就没有方向、没有目标，观察/实验活动事实上无法真正开启。波普尔的这一理解，与科研实践活动较为符合。

针对这一问题，科学家会结合既有的理论与经验材料提出一个猜想，即科学假说。提出科学假说的思维活动在波普尔看来，属于心理学或者其他学科的范畴。哲学家关心的应当是科学辩护问题，而不是科学发现问题，这一点，他的看法其实与逻辑实证主义别无二致。

提出假说之后，接下来要做的工作与逻辑实证主义的看法大相径庭。逻辑实证主义要求通过经验材料来证实这个假说，而波普尔则要求尽可能去反驳这一假说，即应当致力于证伪这个假说。一旦这个假说被证伪了，我们就应当将其抛弃，提出新的假说取而代之。如果这个假说经受住了考验，没有被证伪，则可以暂时接受，使之面对下一个问题，经历下一关的考验。

在上述过程中包含着这样一个逻辑：科学家对任何观点都应当抱有质疑态度，科学家要做的工作是去挑战这个观点，而不是试图捍卫它。科学应当在自我批判、自我否定的过程中一次次走向新生。每一次的否定、每一次使用新假说取代旧假说，都使得科学越来越接近真理（虽然不能达到）。科学正是通过这种方式实现了自身的进步。由于每一次的否定、每一次旧的假说被新的假说取代，都是一次质变，所以这种科学发展的模式描绘出来的画面是“否证式发展”“革命式发展”，与实证主义视角下的“累积式发展”存在着明显的区别。

波普尔理论视角下的科学进步模式如下：

$$P1 \rightarrow TT \rightarrow EE \rightarrow P2 \cdots\cdots$$

其中，P1 指的是一个科学问题，面对这个问题，科学家提出假说（尝试性的理论，Tentative Theory，TT）去加以解决，针对这一假说，科学家将其当作一个靶子，千方百计地去打击它、驳倒它、证伪它，一旦证伪成功（排除错误，Eliminate Error，EE），该假说将被无情地抛弃。

① ［英］波普尔：《猜想与反驳——科学知识的增长》，傅季重、纪树立、周昌忠、蒋弋为译，上海译文出版社 2005 年版，第 320 页。

如果证伪没有成功，该假说经受了第一关的考验，可以暂时予以接受，并迎接下一个问题（P2）的挑战。这个链条持续延伸下去，经过一次又一次的否证，科学不断前进。

（三）范式视角下的发展：常规科学与科学革命[①]

证伪主义将可证伪性作为区分科学与非科学的标准（划界标准），仍然存在难以克服的问题。其中的一个问题是，科学假说或者科学理论具有一定的韧性，在面对不利证据的时候，科学家并不会立即拒斥现有理论，而是给其机会，使之更加完善。事实上，新生事物都有一个发展的过程，如果遭遇任何挑战，就将其扼杀在萌芽状态，另起炉灶，那么，任何种子都不可能长大，更不可能长成一棵参天大树。

此外，仅仅从一个假说自身出发，并不能得出一个可供检验（证伪）的推论，我们的推理需要联合一些辅助条件。比如，从“这是一杯沸水”（命题 X）这一假定出发，根本不能直接推出“置于其中的温度计的液柱高度会指向 100 摄氏度”（命题 Y），从 X 到 Y 的推理链条仍然需要引入其他环节才可以成立。比如，水是纯水（A），温度计没有被损坏（B），气压是一个标准大气压（C），等等。我们可以把这个推理过程图示如下：

$$X + A + B + C \rightarrow Y$$

如果 Y 与观察证据相矛盾，是否意味着 X 被证伪呢？其实没有这么简单。Y 如果与观察结果不一致，只能证明前提出了问题，而前提包含了多个条件，可能是条件 A 不成立，可能是条件 B 不成立，也可以是条件 C 不成立，并不必然是 X 有误。因此，这种否定后件式的推理，不一定将证伪的矛头直接指向假说 X。这说明，要想证伪一个理论（假说），是个相当复杂的问题，并不像波普尔说得那么简单直接。上述例子还只是一个简单的例子，尚可以通过一一排查前提条件来确定“真凶”之所在，以确定是保留还是放弃假说 X。在实际的科学研究的过程中，科学家们会碰到极为复杂的情形。

① 参见［美］库恩《科学革命的结构》，金吾伦、胡新和译，北京大学出版社 2003 年版。

除了上述原因以外，证伪主义还和逻辑实证主义“共享”了两点缺陷：一是它们在考察科学的时候，最基本的分析单位是“理论（或者假说）”，这个视野有点狭窄了，没有看到科学的系统性。二是他们关心的是科学发展的“应然”，是一种理想化主观化的模型，而不是“实然”，不是科学实际的发展状况。

基于上述原因，美国科学哲学家库恩认为，应该以一个更大的框架来审视科学，除了理论以外，价值、形而上学假设、一般的方法论规定，等等，都要包含在内，以便形成对科学的整体的、系统的理解。这个大的框架，就叫“范式”（paradigm）。“范式”来自希腊语，本意是“共同显示”，在库恩的语境当中，其含义有变，“一方面，它代表着一个特定共同体的成员所共有的信念、价值、技术等等构成的整体。另一方面，它指谓着那个整体的一种元素，即具体的谜题解答；把它们当作模型和范例，可以取代明确的规则以作为常规科学中其它谜题解答的基础”①。

尽管库恩并未给范式下过一个严格的定义，而且他后来还用“学科基质”一词取而代之，但大体上说来，“范式”代表的是一套研究框架，是价值、信念、理论、方法等元素所构成的有机整体，并隐含了处理问题的原则与程序。在大部分情况下（常规科学时期），科学家是在范式的指引下开展研究活动的。不同的范式，其形而上学预设不同、基本假定不同，理论假说不同。概念术语依赖于范式，比如，“质量”这一概念尽管在语词外壳方面没有什么区别，但在牛顿力学范式与爱因斯坦相对论范式中，它们的含义是不一样的。在前述的意义上，库恩认为不同的范式不可通约，信奉不同范式的科学家集团（科学共同体）仿佛处在两个不同的世界，彼此之间无法交流。

那么，科学又是如何发展的呢？库恩基于他的“范式”学说，勾画了如下的图示：

前科学→常规科学→反常与危机→科学革命→新的常规科学……

第一个阶段是前科学阶段，科学（严格来说尚不能称为科学，用这

---

① ［美］库恩：《科学革命的结构》，金吾伦、胡新和译，北京大学出版社2003年版，第157页。

个词是为了方便）的“江湖”处在群龙无首、群山无峰的状态，没有主导性范式，甚至没有任何成熟的、成形的范式，研究者们提出各种各样的概念、各种各样的假说、各种各样的形而上学预设，运用各种各样的方法路径，研究各种各样的问题，各说各话，处在纷乱无序的状态。以天文学为例，托勒密之前的状态接近这种情形。

第二个阶段是常规科学阶段，这一阶段的特征是形成了一个主导性范式，其他范式即便存在，也处于边缘化的地位。该领域的大部分科学家，都在一个主导范式之下开展研究工作。在常规科学时期，主流科学家（指信奉主导范式的科学家）按照范式提供的框架和预设的路径，去进行具体的解题活动，他们的目的是解决具体问题，把这个范式推进到更完善的程度，而不是去动摇这个范式本身，对范式的质疑基本是不存在的。“只谈问题，不谈主义（此处指范式）”可被视作该阶段特征的通俗描述。

第三个阶段是反常与危机阶段。如果新的经验材料在原有的框架内得不到消化，或者说，无法被既有范式所吸收、同化，那么，就构成了该范式的一个反常。反常是允许的，遭遇反常并不要求抛弃范式，这一点是库恩与波普尔的区别，在库恩那里，理论与经验材料的矛盾将导致理论被拒斥。但是，尽管反常不一定能引发变革，但随着反常的日益积累，数量到达了共同体无法忍受的程度，危机就要到来。反常转化为危机，除了反常的数量以外，还要考虑反常持续的时间、反常是否动摇范式的核心假设、化解反常是否具有紧迫性等等。

第四个阶段是科学革命阶段。这一阶段，新旧范式的斗争日益激烈，现有主导范式岌岌可危，诸多科学家不再遵循旧范式的条条框框，在理论假设与研究方法上出现了比较高的自由度，越来越多的“叛徒”抛弃旧范式、投奔新范式的阵营。最终，新范式取得主导地位，旧范式被边缘化，或者被淘汰出局。值得注意的是，库恩主张科学家对范式的选择主要不是出于理性因素，不是基于证据、逻辑这些因素，而是历史、文化、政治、心理等。科学家抛弃一个旧范式，拥抱一个新范式，在库恩看来，这个过程无法用证据、逻辑来解释。

科学革命之后，新范式成为主导范式，进入新的常规科学阶段。常规科学又会遇到新的反常、新的危机，又会遭遇到新的革命……这个链条一直持续下去，科学得以不断发展。

值得注意的是，由于库恩认为不同的范式之间不可通约，对于相互竞争的范式的取舍主要不依赖于理性因素。那么，在他的语境当中，范式更替究竟能不能算是一种进步、一种发展，就成为一个颇具争议的话题。库恩所认为的科学发展，其实不是趋近于真理的发展，而是一种工具意义的发展，比如，新的范式能更好地吸收经验材料，消化反常、化解危机等等。

（四）科学研究纲领视角下的发展：纲领的进步、退步与转换①

1. “科学研究纲领”的含义

波普尔的证伪主义侧重于理性因素在科学进步中的作用，关注的是证据与理论之间的二元逻辑关系，忽视了文化、历史、科学共同体的活动、科学家心理的改变等这些外部因素的重要性。库恩的范式学说则过于强调了非理性因素在推动科学变迁中的作用，对理性的力量重视不足。为了整合前二者的优点，克服它们的缺陷，科学哲学家拉卡托斯给出了新的看法，提出了“科学研究纲领”这个概念。

拉卡托斯与库恩一样，在考察科学的时候，不以单个理论为分析单位，而注重于比较系统的整体结构。在库恩那里，这个结构被称为“范式”，在拉卡托斯这里，则被称为“研究纲领”。研究纲领作为理解科学的一种框架，与范式存在区别，其结构包括四个成分：硬核、保护带、正面启示法、反面启示法。

所谓硬核，指的是一个理论体系的基本假说、基本原理，它构成了该理论体系的核心成分。所谓保护带，指的是一些辅助性假说、理想化假设。比如，在牛顿体系当中，绝对时空、三大运动定律、万有引力就是其硬核的主要组成部分。在处理具体问题时，把行星视作质点，研究两个行星之间的相对运动时忽略其他天体的干扰等等，就构成了保护带。

和硬核、保护带相关的概念有两个，一个是“正面启示法”，另一个是“反面启示法”。

---

① 参见［英］拉卡托斯《科学研究纲领方法论》，兰征译，上海译文出版社2005年版。

正面启示法是研究纲领所蕴含的行动指南，它告诉研究者应该采取怎样的路径去完善、发展这个纲领。正面启示法并不是某一纲领的早期创建者们有意设计出来的，也不是一套确定的规则，而是纲领所内含的逻辑。这就是说，一个纲领一旦形成，它就有一种生命力，就会有一个成长的路线图，甚至不以研究者的个人意志为转移。例如，对于牛顿力学体系，我们可以将其视作一个研究纲领。它所蕴含的正面启示法会告诉研究者遵循由简到繁、由理想条件到复杂现实的研究路线，比如一开始可以将行星视作质点，进而将行星视作标准球体，再进一步考虑行星的真实形状，渐进地增加复杂性，渐进地使用更高级的数学工具、研究更复杂的解题方法，使这个纲领不断完善，使之适合于更广泛的现象。这个完善纲领的路径，是纲领本身的逻辑所隐含的，而不是由纲领之外的什么人强加给它的。

反面启示法则是一套禁止性的规则，它禁止将证伪的矛头指向硬核。如果一个纲领不能吸收、消化反常，即纲领与经验材料产生了矛盾，充当"挡箭牌""背锅侠"的应当是保护带，而不是硬核。反面启示法要求研究者把这个矛盾转移给辅助性假说。

2. 研究纲领的变化与科学的发展

在形式上，研究纲领 T 表现为一个理论系列，不妨用 T_1、T_2…T_{i-1}、T_i…T_n 来表示。从 T_{i-1} 到 T_i 的变化，就是同一研究纲领内部的变化，即保护带的调整。如果这种调整带来这样的结果：T_i 比 T_{i-1} 具有更多的经验内容，且多出来的经验内容经受住了观察证据的检验，那么，这一调整就是进步的，研究纲领 T 就得到了发展，若不符合这个条件，则这一调整其实只是一种特设性假设，它会使研究纲领发生退步或曰退化。我们可以看出，拉卡托斯在这里所提供的进步标准是理性标准，强调经验证据的判决作用，与库恩的相对主义、主观主义存在着区别。

如果纲领 T 不断退化，说明这一纲领已经走入了死胡同。这时，仅仅依靠保护带的调整已经无法维系，需要撼动内核才可以解决问题，即采用新纲领替换既有的纲领。新纲领 S 取代 T 以后，又迎来另一番 S 内部的变化，直到 S 被更新的纲领替代，这一过程不断持续下去，使得科学不断进步。

拉卡托斯的科学研究纲领所描述的科学进步模式包括两种类型：一是同一纲领内部的科学发展，表现为保护带的调整，即纲领的进步；二是新旧纲领的转换，表现为硬核的改变。值得指出的是，拉卡托斯并没有成功地排除库恩范式学说当中的相对主义成分，他认为退化的纲领仍有机会获得新生，一个纲领退化到什么程度才应当被抛弃，这里并没有逻辑标准，心理主义的因素依然存在。

（五）基于马克思主义视角的审视：辩证理解科学的发展模式

1. 马克思主义视角下的科学发展模式

马克思主义经典作家并没有明确提出科学发展的模式问题，他们的观点散见于对自然科学的有关论述当中，学术界对此的关注也不多。

殷杰、郭贵春等学者从如下角度解读、总结出马克思、恩格斯关于科学发展模式的观点。

第一，“科学发展呈现出两种趋势”，“一种是当自然科学研究经过搜集材料和分析材料之后，就会向整理材料和综合材料过渡，从而形成科学理论”，“另一种是自然科学对较简单的运动形式进行了充分的研究之后，就会转向较复杂的运动形式的科学，这就是一系列边缘学科、交叉学科与横断学科的发展”。[①] 具体归结起来就是，科学发展的模式表现为从感性材料到科学理论的不断进步，表现为研究对象（物质运动形式）从低级到高级的不断发展，在学科形式上表现为从独立发展到交叉综合发展的变化。

第二，“科学发展是渐进与飞跃辩证统一的过程”[②]。渐进的发展，意味着科学的发展是由浅入深、积少成多、继承与创新相统一的过程，飞跃意味着重大的科学突破或者科学革命的发生。

根据马克思主义认识论的相关原理，可以对科学进步的模式作进一步的解读。

马克思主义认识论认为，认识是从低级到高级、从简单到复杂、从

---

① 殷杰、郭贵春主编：《自然辩证法概论（修订版）》，高等教育出版社 2020 年版，第 123 页。

② 殷杰、郭贵春主编：《自然辩证法概论（修订版）》，高等教育出版社 2020 年版，第 124 页。

量变到质变的发展过程，在这个过程中，感性认识上升到理性认识，理性认识又回到实践中去，认识活动螺旋式上升，波浪式前进。从某种意义上来说，认识论也是知识论，而且主要的是科学知识论。毕竟，科学是人类认识自然、认识世界的重要工具。那么，科学发展的模式与认识活动的模式之间，就存在着对应关系，二者内在统一。

感性认识上升到理性认识，反映在科学发展的过程当中，就表现为从感性材料上升到科学理论的过程。在科学研究活动中，通过对感性材料进行搜集、整理、提炼、概括，运用理性思维的加工，科学理论得以形成。恩格斯在谈论近代自然科学发展的时候曾指出："经验的自然研究已经积累了庞大数量的实证的知识材料，因而迫切需要在每一研究领域中系统地和依据其内在联系来整理这些材料。同样也迫切需要在各个知识领域之间确立正确的关系。于是，自然科学便进入理论领域，而在这里经验的方法不中用了，在这里只有理论思维才管用。"[①] 反过来，作为理性认识的科学理论回到实践当中去，除了改造世界以外，又能深化新一轮的认识，在理论的指导之下，并使用由理论"物化"而来的仪器，能够在更大的广度上、更深的层次上、更精准的范围内，获得内容更丰富、质量更好的经验材料，对这些经验材料予以进一步的加工，又可以得到更好的理论。

总之，在马克思主义认识论当中，认识发展的模式如下：

感性认识→理性认识→实践→新的感性认识→新的理性认识……

根据这个认识发展的模式，可以总结出科学发展的模式如下：

实践 1→理论 1→实践 2→理论 2→实践 3→理论 3……

从中可以看出，科学发展的模式表现为一个由认识与实践的矛盾推动的、螺旋式上升的过程。

2. 以马克思主义的观点来评价科学发展模式之争

前述的实证主义、证伪主义、范式论、科学研究纲领等科学哲学学说对科学发展模式作了不同的解读。但由于马克思主义经典作家均未在微观层面具体描述过科学发展的模式，相关的科学哲学学说的合理成分，可以作为发展马克思主义科学观的有益思想资源。我们应当以马克

① 《马克思恩格斯选集》第 3 卷，人民出版社 2012 年版，第 873 页。

思主义的立场、观点、方法对此加以分析，批判吸收。

无论是实证主义的累积式进步观，还是证伪主义的革命式进步观，都未免失之偏颇。马克思主义一直强调应当全面、整体地看问题，因此应当综合二者的观点，将科学发展看作一个量变与质变相结合的过程，量变体现的是累积式进步模式，质变体现的是革命式进步模式。从这个视角来看，库恩的范式论似乎是更好的选择，但范式论有夸大相对主义、非理性主义的问题，它的进一步发展，就会走向费耶阿本德的那种“方法论无政府主义”。范式论存在的另一个问题是否认科学的发展是对真理的接近，它仅在工具意义上承认科学的进步。拉卡托斯则在试图综合波普尔与库恩的进步观，他的“科学研究纲领”比较重视理性因素，但非理性因素并没有从中排除出去，他关于纲领的进步与退步的观点也比较机械，并不符合科学史实。

总而言之，我们认为科学发展的模式是量变与质变的辩证统一，是累积式进步与革命式进步的辩证统一，是相对真理向绝对真理转化的过程。对学者的不同观点，应当取其精华，去其糟粕，辩证看待，进一步加以发展。

二　技术发展的模式

尽管技术与科学有区别，但技术发展的模式与科学发展的模式也有类似之处。技术的发展也表现为累积式发展、革命式发展、范式更替等等。

（一）技术发展的累积式模式

技术发展的累积式模式，意味着技术的发展是渐进的、积少成多的、从简单到复杂的、从低级到高级的，所谓的“革命”“根本性突破”“破坏性创造”都不存在，至多是一种假象。这种观点认为，技术的变化不可能是一蹴而就的，任何新技术都是对此前技术的继承和发展，而不是突然的变革。

技术的这种累积式进步，在通常的意义上是易于理解的，它可以表现在两个方面：一方面是工具、机器、工艺流程的不断改进，表现为在一系列数量指标方面的变化，比如，发动机的速度更快、钢铁的强度更大、橡胶的耐磨性更好、步枪的射程更远、产品的制造效率更高、制造成本更低等等，不同的指标或有冲突，需要一个权衡，但总体上实现了技术的进步。这种进步，显然是累积式的，不是根本性的技术突破。除此之外，还有另一个方面，那就是新的工具、新的机器、新的工艺的不断问世，但这种新事物对人类的生产、生活的影响不大，“新”的程度不够，不宜被称为“革命”。比如，发明一个螺丝刀，发明一个锯子，发明拱形桥的建造技术，等等，其创新程度都称不上革命，仍可被视作一个个单项技术的累积，视作在人类改造自然的“工具箱”或“成果库”里边，堆积起来的工具越来越多、成果越来越丰富，但没有根本性的革命发生。

上述意义的累积式进步，尚可被多数人接受。然而，某些明显是“革命”式的技术，亦被一些人视作特殊意义上的累积式进步，这就引起了一些争议。以蒸汽机的发明和应用为例，如果将之纳入累积式进步模式的框架，蒸汽机并不是一种全新的、“横空出世”的动力机器，所谓的“蒸汽革命”可以被消解。这些学者的理由是，诸如此类的貌似发生了革命的技术，它的出现实际上不是突然的，而是经历了一个酝酿和准备的过程，不论那些准备工作是有意的还是无意的，是多一些还是少一些，时间长一些还是短一些。比如，在纽可门蒸汽机出现之前，组成它的一些要素已经存在了。巴萨拉指出：“促使纽可门蒸汽机发明产生的一些机械要素可以追溯到欧洲13世纪早期的一些东西，另有一些则是13世纪中国的东西，还有一些在基督教诞生前1至2个世纪就出现了。”[①] 李约瑟甚至认为，到底是谁发明了蒸汽机，实际上都是无法确定的，“没有一个人可称为蒸汽机之父，也没有一种文明可独揽发明蒸汽机的大功”[②]。这样的一种观点，实际上在某种意义上消解了技术中的革命。

① ［美］乔治·巴萨拉：《技术发展简史》，周光发译，复旦大学出版社2000年版，第43页。

② Joseph Needham, *Clerks and Craftsmen in China and the West*, Cambridge: Cambridge University Press, 1970: 202.

（二）技术发展的革命性模式

技术的发展，究竟是累积式的，还是革命式的，这个问题其实带有一定的主观性。可以说清晰的、绝对的区分标准不可能存在。不过，找不到清晰的标准并不意味着区别不存在。胖和瘦、穷和富之间的区别都是相对的，但在离开那条模糊的边界较大距离的地方，区别依然是明显的，依然是有意义的。对于技术进步的模式来说，亦可作如是观。尽管技术革命发生的标准比较模糊，但一些重要的技术革命的发生，仍然是可以被识别出来的。

技术革命可以表现在宏观和微观两个层次上，宏观层次的技术革命，指的是技术体系的变革，往往从某一个或某几个突破点开始爆发，以点带线，以线带面，扩展到一个较大的范围，其影响波及人类生产、生活的方方面面。迄今为止，人类历史上共出现了四次技术革命。

前两次技术革命发生在近代，称为近代技术革命，第一次技术革命“是在18世纪的英国率先产生，以发明纺织机为起点，以发明蒸汽机为标志的”[①]，第二次技术革命“是在19世纪产生并以电磁理论为指导，以发明电动机和发电机为主要标志的”[②]。近代的技术革命，实际上是以动力、能源革命为中心并辐射至整个体系的宏观的技术革新与变迁。

到了现代社会，科学与技术的联系日益密切。单独叙述科学革命或技术革命均会失之偏颇。这是因为，“从19世纪开始，科学革命与技术革命便逐渐相互接近和渗透。20世纪之后，科学革命与技术革命逐渐难分彼此”[③]，由于这一原因，独立研究这一阶段的“技术革命”并不十分妥帖，此处将“技术革命”从“科技革命”当中分离出来，仅是为了叙述方便。20世纪40年代开始发生的技术革命，可以称之为第三次技术革命，它以原子能、计算机、互联网的发明、广泛应用以及生物工程的兴起为标志，人类自此迈开了走向信息时代、生物世纪的步伐。

---

① 黄顺基、郭贵春主编：《现代科学技术革命与马克思主义》，中国人民大学出版社2007年版，第20页。

② 黄顺基、郭贵春主编：《现代科学技术革命与马克思主义》，中国人民大学出版社2007年版，第22页。

③ 黄顺基、郭贵春主编：《现代科学技术革命与马克思主义》，中国人民大学出版社2007年版，第48页。

进入21世纪以来，新的技术革命开始高歌猛进。不过，“第四次技术革命”这种提法比较少，常见的是其相近概念“第四次科技革命”“第四次工业革命”等。“在清华大学文科资深教授、清华大学公共管理学院院长薛澜看来，第四次工业革命很难找到一项代表性科技，其实质上是物理空间、网络空间、生物空间三界的融合，是一组技术之间的跨界融合，竞相发展，最后推动整个社会发展和技术进步，并对社会发展产生‘质’的影响。”① 虽然上文谈论的是工业革命，但工业革命必然是以技术革命为引领的，从这个意义上来说，“第四次技术革命”这个概念可以存在。从技术发展趋势看来，第四次技术革命，应当是以人工智能、生物工程为核心，多学科交叉融合、多种技术交织发展，它必将造成人类社会生产方式、生活方式的巨变，最主要的是万物的互联互通，万物的智能化，以及对生命现象的深度操作。

纵观人类历史上的四次技术革命，每一次革命的发生与发展，都带来了技术体系的变革，引发产业革命或工业革命，这是宏观意义上的革命式发展。

从微观层面来看，技术的革命式发展，指涉的是同一领域的技术变革。所谓同一领域，主要意指技术目标一致，但实现目标的手段、载体发生了革命式变化。比如，以计算机外部存储器的发展为例，最初的外存设备有冰箱那么大，后来流行容量为1.44M左右的软盘，目前多数使用U盘，这些技术的目标都是一样的，都是为了存储信息，但工作原理不一样，制造工艺也不同，技术复杂度也有很大区别。比如，软盘是用磁性介质来存储二进制数据的，U盘则利用半导体的性质来存储信息，二者的工作原理完全不同，后者取代前者，应该被视为革命式的变革，而不能被看作累积式变化。尽管这种微观革命的标志很难准确界定，但涉及技术原理变迁的，一般可以视作革命式的进步。

（三）技术范式的更替

无论是累积式模式，还是革命性模式，以之作为描述技术发展的唯

① 《第四次工业革命来了，教育如何应对挑战？》，人民网（http://edu.people.com.cn/n1/2019/0114/c1006-30525075.html），2019年1月14日。

一框架，都未免失之偏颇。技术发展的实际情形，应当包括渐变与突变两个方面，表现为二者的辩证统一。

这一点，与科学发展当中的库恩主义观点有类似之处。库恩运用“范式”这一概念描述了科学知识的变迁，区别了常规科学阶段与科学革命阶段科学发展的不同特点。一些研究技术哲学的学者借鉴了库恩的这个模型，以技术范式作为分析技术发展的框架，相应地将技术发展区别为两种不同的情形：同一范式内部的技术发展以及不同技术范式的更替。

对于技术范式这个概念，使用者不少，但很少有学者对其给予明确定义。郑雨、沈春林的观点较有代表性，他们认为技术范式是技术发展的一种模式，它包括在发展某项技术过程中建立起来的特殊方法和经验，以及所规定的未来所发展的方向。① 上述表述较好解释了技术范式的内涵。如果从技术范式的表象来看，我们不妨换个思路，将技术范式理解为基于特定的技术原理而产生并发展着的技术系列，这些技术系列分享着相同或者相近的技术原理。比如，蒸汽机代表着动力机的一种技术范式，蒸汽机的改进、优化，形成了不同系列的蒸汽机技术，但其技术原理并没有变化：都是把蒸汽作为工作物质推动活塞在气缸中作往复运动从而产生动力。

有学者进一步借鉴拉卡托斯的科学研究纲领来界定技术范式，郑雨、沈春林对技术范式的“硬核”与“保护带”作出了区分。② 王京安等学者进一步将技术范式的结构刻画为核心层与外围层。核心层包括范式的核心技术及该技术所限定的与其他因素耦合的方式，它往往为某一技术范式所特有。外围层是各种辅助性技术。③ 借鉴这种区分，可以认为技术的“硬核”或者“核心层”，包括了该技术的基本原理与核心框架，“保护带”“辅助技术”或者“外围层”则是该技术系列在核心框架之外的细节方面的改进策略。比如，如何提高蒸汽机锅炉的燃烧效

① 郑雨、沈春林：《技术范式的结构与意义》，《南京航空航天大学学报》（社会科学版）1999 年第 1 期。

② 郑雨、沈春林：《技术范式的结构与意义》，《南京航空航天大学学报》（社会科学版）1999 年第 1 期。

③ 王京安、刘丹、申赟：《技术生态视角下的技术范式转换预见探讨》，《科技管理研究》2015 年第 20 期。

率、如何减少零部件之间的摩擦力，等等，就属于外围层面的技术。

那么，技术发展的模式就表现为两种情形：一是同一技术范式内部的技术进步，即前述的“辅助技术”“外围层”的进步，它不改变范式本身，但使技术走向成熟。二是范式的“硬核”的变化，即范式的更替，新范式取代旧范式。蒸汽机技术的一系列改进，没有改变其基本的技术原理，属于同一范式内部的进步。内燃机、电动机取代蒸汽机，则改变了技术原理，属于技术范式的更替。

在某一技术发展的过程中，同一时间段不一定只存在一种范式，两个或更多范式并存的情形并不罕见。不过，这些不同的范式并不能等量齐观，它们之间存在着主次之别。厄特拜克、艾伯纳西提出了主导范式的概念，他们认为主导范式是由此前独立的技术变异引发的诸多技术创新整合而成的新产品，它的出现为某个产品类别建立了居于主导地位的单一设计结构，改变了竞争状态，其他的技术轨道遭到市场的排斥。随着产品的标准化，竞争的焦点转向价格和工艺创新。[①] 例如，液晶屏显示器与电子管荧光屏显示器作为显示器领域的两种技术范式，曾经并存过一段时间，但液晶屏显示技术较快地取得了主导范式的地位，电子管显示器被边缘化，基本上已经被淘汰出局。目前，LED 显示技术与液晶显示技术存在着竞争，后者被前者取代是可以预期的事件。又如，目前的手机有两种类型：功能机与智能机，智能机作为一种技术类型已经成为主导技术，功能机虽然还没有出局，但基本只限于在老年人这个群体当中使用。现在手机技术的发展，已经不考虑功能机的发展，竞争的焦点在于智能手机的价格与工艺。

范式视角下的技术发展模式，在很大程度上综合了技术的累积式发展与革命式发展两方面的特征，它可以给企业的科技决策、政府的科技政策提供一些启示。这就是说，每一种技术范式都有自己的寿命，它被新范式取代是迟早的事情，如果对技术的发展趋势没有一个大致准确的评估，看不到对现有范式造成威胁的新的技术范式的出现，就会造成投资失败或资源浪费，有时这个损失还会比较大。当年就有一些美国打字

---

① James M Utterback, William J Abernathy, *A Dynamic Model of Process and Product Innovation*, Omega, Volume 3, Issue 6, December 1975: 639 – 656.

机企业没有看到个人电脑的出现将彻底颠覆当时的打字机技术范式，结果造成了企业倒闭。21 世纪初，也有一些企业没有看到半导体存储技术的发展将彻底埋葬传统录音机使用的磁带存储技术，没有及时采取措施止损，结果也导致了决策失败。现在，市场上已经看不到磁带式录音机了。马克思主义认为，新事物必然代替旧事物。那么，新范式也必然代替旧的范式。在多种范式竞争的情形下，应当对主导范式的出现时间及其演化趋势作出一个大致的判断，以便作出有效的应对。

三　科技发展的动力

科技发展的动力，在这里作广义的理解，它指的是直接促进科学、技术发展或者间接有利于科学、技术发展的条件、因素、力量，这些因素，有的蕴藏在科学、技术自身当中，可以称之为“内在动力”，有的因素，则需要到社会环境当中去寻找，可以称之为“外部动力”。在这个问题上，值得注意的是：尽管科学与技术有一定的区别，但亦有密切的联系，在科学发展与技术发展的过程中，二者不是两条平行线，并非各自在各自的轨道上前进，而是相互依赖、相互包含、相互促进的。

（一）科学发展的内在动力

马克思主义认为，矛盾是事物发展的动力。科学发展的内在动力可以视作内部矛盾，科学发展的外部动力则可以视作外部矛盾。内外矛盾共同推动科学的进步。

1. 事实与理论之间的矛盾

科学研究的成果，主要表现为科学理论的建立。在严格的意义上来说，一切理论都是假说，它能够比较好地解释部分现象，但不可能解释一切现象。随着观察手段、实验手段的发展，人们可以观察到一些新的“事实”，而这种新的事实，可能与原有的理论框架不能兼容，或者为之所排斥。比如，燃素说认为可燃物当中存在着一种叫作“燃素”的微小实体，可燃物燃烧就是燃素被释放（或被空气吸收）的过程。根据这个理论，木头燃烧后，燃素释放，重量减轻，这个解释与观测结果是一致的。然而，金属燃烧后得到的灰烬，重量是增加的，这就与燃素说不一致了。也就是说，金属燃烧之后物质重量增加这一事实，是与燃素说的理论相矛盾的。矛盾的出现，要求人们重新审视观察结果，或重新审视燃素说本身，对燃烧现象给予新的思考、新的解释，从而给化学理论的进步提供了一个重要的推动力。

从逻辑上来说，理论与观察事实出现了矛盾，并不一定是理论错误。科学家对此的应对策略大致是“三步走”（当然这三步的顺序不是严格的）。

第一步，科学家会对“事实”进行一番审查，看看“事实”是否可靠、是否完备。由于科学观察存在误差、观察可能不完备、实验设计可能有缺陷、观察本身也具有非中立性（“观察渗透理论”），观察的结果，即所谓的“科学事实”，也不一定真是“事实”，并不具有中立性和绝对地位，对“事实”的怀疑与审视是合理的。例如，在望远镜成为天文观测的必备装置之前，肉眼观测到的火星直径的变化与哥白尼理论预言的情况并不一致，这一矛盾的解决是以望远镜获取的“事实”取代肉眼观察到的“事实”而达成的。这个例子表明的是：如果事实与理论之间存在着矛盾，有可能是事实本身具有不精确性。又如，牛顿理论所预言的天王星轨道与实际观察到的天王星位置并不符合，理论与“事实”之间的这个矛盾，是以天王星轨道附近存在着未知行星这一假说来解决的，这颗未知行星就是后来发现的海王星。这个例子说明的是，如果事实与理论之间存在着矛盾，有可能是事实本身具有不完备性。

第二步，在“事实”已得到科学共同体公认的前提下，捍卫旧理论的科学家不会彻底放弃整个理论框架，而是采取拉卡托斯所描绘的策略，进行“丢车保帅”：调整或放弃辅助性假说，保护理论的硬核不被改变。例如，面对不利于托勒密地心说模型的观察资料，可以在不改变地球中心的前提下，通过调整“本轮”“均轮”的数量或大小来进行应对。

第三步，在仅仅修改保护带的情况下，危机与反常不仅没有得到很好的消化，反而日益累积，最终会引发科学革命，表现为原有理论的硬核被替换。日心说取代地心说就属于此种情形，此处不再赘述。

实际上，理论与事实产生矛盾的时候，科学家究竟会采取哪一种策略，也是因人因事而异的，不可一概而论。但不可否认的是，这一矛盾的确是推动科学进步的一个重要动力。

2. 不同理论之间的矛盾

面对同一经验材料，不同理论会提供不同的解释框架予以处理，从而产生理论之间的矛盾，其导致的直接结果就是激烈的竞争。竞争压力使得不同理论的捍卫者致力于完善己方观点、攻击对方观点，寻找有利于己方的证据，发现不利于对方的证据。在这种情况下，竞争性理论面临的证伪压力就会增加，这有利于实现科学进步。

理论之间的竞争可能会导向四种情形。第一种情形是一方胜出。例如，地心说与日心说之争的结果是日心说胜出，燃素说与氧化说之争的结果是氧化说胜出。第二种情形是竞争的两种理论都比较片面，看问题的视角不完整，具有互补性，最终出现一个新理论融合了二者的观点并加以完善。例如，光的粒子说与波动说之争持续了很多年，后来被“波粒二象性”这一理论所取代。“波粒二象性”并不是波动说与粒子说的简单相加，它具有更加深刻的新的内涵，但的确是吸收了此前对立观点的某些成分。第三种情形是明确了不同理论的“势力范围”，相对论、量子力学可以被视作经典力学的竞争理论，理论竞争的结果并非彻底抛弃经典力学，而是明确了经典力学的适用范围：在宏观物体低速运动的条件下，经典力学仍然是一种很好的解题工具，其优越性甚至超过相对论、量子力学（因为比较简单）。第四种情形是争论长期持续，一时分不出胜负。比如，目前对于量子力学的解释，仍然存在很多不同观点，仍然悬而未决，有待于进一步发展、深化。无论是哪一种情形，科学理论在这个过程中都实现了发展，或者为进一步的发展创造了条件。

3. 学科之间的矛盾

世界是复杂的，自然科学的不同学科从不同的角度对这个世界予以描述，它们聚焦的是世界的不同层次、不同范围、不同特征，形成理论丛林。比如，物理学聚焦的是力、热、电、光、磁等现象，化学聚焦的是原子、分子层级的分解与化合现象，生物学聚焦的是细胞、组织、器官，等等。

然而，不同学科之间，并非井水不犯河水的关系，而是存在着复杂的互动，它们之间应当既有分工，又有合作。从深层原因来说，这源于这样一个矛盾：世界本身是一个整体图像，各种现象各种过程各种机制彼此交织，难以分开，将其切割成不同的片段，分别用不同的学科去处理，在科研上进行分工，只是为了研究的方便。要对这个世界有更好的描述与解释，学科之间的合作是一条必由之路。对此，恩格斯早有精辟的论述，他指出："在分子科学和原子科学的接触点上，双方都宣称无能为力，但是恰恰在这里可望取得最大的成果。"① 比如，在物理和化学之间，就诞生了两门交叉学科，一门是化学物理，另一门是物理化学。生物与化学、生物与物理之间，也产生了交叉。现在的交叉学科，数量已经十分庞大，已经成为科技创新的重要增长点。

学科之间的分工与合作，推动着科学的不断进步。就分工而言，除了学科之间的分工以外，学科内部也进一步划分为更细致的子领域，这可以使专业化程度提升，使科学家聚焦一个有限的领域，突出重点，集中火力，提高科学研究的效率，有效推动科学研究向纵深发展。就合作而言，不同学科之间的交叉、渗透，不仅拓展了科学的广度，开辟了科研的新领域，也体现了科学对自然界运行机制的更深刻的把握，提升了科学的深度。

4. 理论的绝对性与相对性的矛盾

马克思主义认为，真理既具有绝对性，又具有相对性。真理的绝对性意味着"任何真理都标志着主观和客观之间的符合，都包含着不依赖于人和人的意识的客观内容，都同谬误有原则的界限"②。科学理论不是绝对真理，但也具有绝对性，即在一定时空情境下，在一定的误差允许范围内，在一定程度上能实现主观与客观之间的符合。真理的绝对性使得科学理论具有相对的稳定性。

科学理论同样具有相对性。"真理的相对性是指人们在一定条件下对客观事物及其本质和发展规律的准确认识总是有限度的、不完善的。它具有两方面的含义：一是从客观世界的整体来看，任何真理都是对客观世界的某一阶段、某一部分的正确认识，人类达到的认识的广度总是有限度的，因而，认识有待扩展。二是就特定事物而言，任何真理都只

① 《马克思恩格斯全集》第26卷，人民出版社2014年版，第737页。

② 本书编写组：《马克思主义基本原理概论》，高等教育出版社2018年版，第76—77页。

是对客观对象一定方面、一定层次和一定程度的正确认识，认识反映事物的深度是有限的，或是近似性的。因而，认识有待深化。”[①] 这就意味着，任何科学理论都具有暂时性，理论的发展是其内在的要求。

真理的绝对性与相对性的矛盾，与运动的绝对性、静止的相对性的矛盾是一致的。科学理论作为一个存在物，尽管是人的思想创造，不是自然物，但它的存在方式也具有这个特征：既有相对静止的一面，也有绝对运动的一面。真理的绝对性使得科学理论在发展过程中呈现出一种相对的静止，它的某些成分可以在一段时间内保持不变或者在随后的阶段换个形式保留下来，以电磁场理论为例，从法拉第定律，到诺曼与韦伯的方程，再到麦克斯韦的方程组，尽管对电磁现象的理解发生了变化，但法拉第定律的数学结构是被保留下来的。真理的相对性则表明，科学理论必然具有暂时性，都是人类认识长河中的支流，都是向绝对真理（理想目标）转化的一个环节。

既然科学理论既具有绝对性，又具有相对性，相对性又必然向绝对性转化，那么，科学理论进步的深层动力就在自身，就蕴含在这个矛盾当中。

（二）技术发展的内在动力

就技术的发展这一论题而言，有自主论与社会建构论之分，前者强调的是内在动力，后者侧重的是外部因素。此处先以自主论为视角，探讨技术发展的内在动力，外部动力留待后文分析。

内在动力意味着每种技术都仿佛是一个活物，具有自己的“生命”，它有着自身的创生、发育、成长、成熟、衰朽、死亡的内在逻辑。尽管技术的发展离不开人，但它的发展路径不以人的意志为转移，反而人的行动方向受制于技术的演化逻辑。比如，蒸汽机发明之后，将其应用于交通工具，就是一个内在的、必然的技术发展方向，不以任何人的意志为转移。人的作用，无非是使这个进程快一些或慢一些、好一些或差一些，仅此而已。

在这个问题上，陈昌曙探讨了技术发育的自我增长，认为其决定于

① 本书编写组：《马克思主义基本原理概论》，高等教育出版社 2018 年版，第 77 页。

技术过程的内在矛盾运动机制，例如：技术规范与技术实践的矛盾；技术继承与技术创造的矛盾；技术方案与技术试验的矛盾；技术目的与技术手段的矛盾；技术结构与技术功能的矛盾；技术的专门化与技术的综合化的矛盾等。[①]

可以认为，正是这些矛盾的存在，使得技术有了一种内在的前进动力。

也有学者借助进化论的思维，来探讨技术自我进化的机制，从这一角度发掘技术进步的内在动力。美国学者布莱恩·阿瑟认为，技术都是某种组合，任何技术都是由当下的部件、集成件、系统组件组合而成。比如，计算机由主机、显示器、键盘、鼠标等部件组合而成，主机又是由处理器、存储器、电源等部件组合而成，技术的每个组件也是微缩的技术，也是一种组合。新技术的产生，以旧技术为基础，通过诸多旧技术的组合而来。新技术中可能有些部件不是旧的，似乎是新的，但将其加以分解，分成更小的部分，仍然可以还原为旧有的技术。技术的进化有两种动力，一种是组合，另一种是需求，组合是主要的动力。这意味着，技术是“自创生”的，是组合进化的。[②] 比如，有了蒸汽机，有了轮子，有了马车车厢这些东西，就必然会出现将这些元素组合在一起的设计，必然会出现火车这个新的交通工具。

（三）科学与技术的相互促进

前面在讨论科学发展的内在动力与技术发展的内在动力的时候，是把科学与技术作了切割，分别加以处理的。实际上，二者已经难舍难分，互为动力，技术是科学发展的动力，科学也是技术发展的动力。

在近代工业革命以前，技术与科学几乎是两条平行线，前者重视的是经验、技艺的积累与发展，后者重视的是抽象探究与理论思考。古代技术是经验型技术，不依赖科学理论的指导。事实上，在那个自然哲学时代，也缺乏能够担此重任的科学理论，技术与科学（当时主要是自然哲学的形态）基本处在相互分离的状态。青铜器的冶炼铸造，造纸术的

① 陈昌曙：《技术哲学引论》，科学出版社 2012 年版，第 111 页。

② 参见［美］布莱恩·阿瑟《技术的本质》，曹东溟、王健译，浙江人民出版社 2014 年版。

发明，都和科学原理没有什么关系，古代殿宇、桥梁的制造，也是凭着对受力状况的感性理解与粗糙分析进行的，并不需要力学理论指导。从根本上来讲，古代的简单型技术，涉及的要素比较少，可以在不破解自然界深层奥秘的情况下，不打开自然界这个“黑箱”，仅凭借对自然界的表层现象的理解，去浅层次地改造自然。

到了工业社会，人们对自然的开发与改造进入了一个比较深的层次。这时候，就必须把自然界这个“黑箱”变成“灰箱”“白箱”，在较大的程度上把握其内部结构，才能进行深度操作，开发出复杂、高深的技术。在这一背景之下，技术日益依赖于科学，技术难题日益需要靠科学理论来解决。科学进步就成为技术进步的一个推动力，科学理论的高度决定了技术能达到的高度。

反过来，技术进步也是科学进步的动力。首先，技术向科学提出需求，索取理论资源。技术需求就是一种拉动科学前进的力量。对此，马克思指出：“社会一旦有技术上的需要，这种需要就会比十所大学更能把科学推向前进。”[①] 其次，“工欲善其事，必先利其器”，技术进步给科学研究提供了越来越好的工具和手段，这可以有力地推动科学进步。没有望远镜制造技术的出现，就不会有近代天文学的成就。没有显微镜制造技术的进步，就不会有细胞学说的建立，不会有生物学领域的大量进步。当代的科学研究，更要依赖于诸多复杂、精致、高端的科学仪器，相关的制造技术发展，显然会有力地推动科学进步。

马克思主义认为，认识与实践的矛盾，能够推动认识与实践的相互促进，螺旋式上升。认识活动关涉科学，实践活动关涉技术，因此从深层次来说，科学与技术的互相促进机制，其哲学基础在于认识与实践的矛盾。

（四）科技发展的外部动力

技术哲学家拉普认为：“我们可以这样说明科学技术变化的过程：由特殊的文化态度、法律制度、社会结构和政治力量构成的社会，根据给定的技术知识和技能，考虑特殊的价值和目标观念；运用物质资源，

① 《马克思恩格斯选集》第4卷，人民出版社2012年版，第648页。

在经济过程的框架内生产和运用技术系统。然后，这种过程又反作用于以前的技术系统，从而促进技术的进一步发展。”① 他这段话，对于科技发展的描述，给出了高度简练而又非常综合的表述，其中也涵盖了对科技发展的外部动力的揭示，这包括文化、法律制度、社会结构、政治、经济等等维度。结合拉普的观点，立足于社会现实，可以简单地将科技发展的外部动力概括为经济社会需求、政治与国家战略、科技制度与科技政策、文化与社会观念等方面。

1. 经济社会的需求对科技发展的推动

在工业社会以前，自然研究的主要动力是满足个人的兴趣、好奇心，或者出于宗教动机（上帝创造自然界，研究自然界就是研究上帝的作品，这被认为是接近上帝的一种方式），研究活动主要是个人的事业，尚未实现制度化、职业化，科学作为一种社会建制尚未成型。到了近代工业社会，情况发生了很大的变化。与此前的小农经济、游牧经济、手工作坊不同，在工业革命之后的时代，经济、社会的发展日益依赖于科学技术的进步。发展社会生产、提升生活品质、延长人类寿命，方方面面的需求，皆离不开科学技术的应用。

从经济角度而言，经济动力与技术发展是密不可分的。首先，技术本身就要追求经济性，即追求更低的成本、更高的效率、更少的原材料消耗，等等。经济性是评估技术好坏的重要指标。其次，经济目标是技术发展最主要的激励力量。在经济活动市场化、全球化的今天，企业是最主要的生产者，企业第一位的目标就是经济目标，即追求利润。为了实现利润的增长，就必须生产出成本更低、质量更好的产品，这就给技术研发活动提供了强大的刺激。再次，技术本身已经成为一种商品，已经被充分地市场化，经济动机在技术研发活动中已经十分显著。最后，经济活动可以为技术研发提供资金保障，从而可以促进技术的进步。这也意味着，技术与经济是相互促进的，技术促进经济发展，经济发展反过来则可以增加研发投入，从而把技术推向前进。

经济需求对科学发展的影响体现在两个方面：一是直接影响，表现

① 转引自许良《技术哲学》，复旦大学出版社2004年版，第269页。

在经济投入的增加有利于科学研究事业的进步。二是间接影响，经济需求先带动技术需求，技术需求进一步传导给科学，从而拉动科学的进步。马克思指出："资产阶级为了发展工业生产，需要科学来查明自然物体的物理特性，弄清自然力的作用方式。"① 就是说，生产上的这种需要，单纯依赖于感性经验是无法解决的，必须诉诸科学理论，从而促进科学的发展。

除了经济方面的需求以外，社会需求也是科技发展的动力。比如，环境保护、民生福利、公共卫生事业的发展，都需要通过科技来加以解决。如果进一步分析就会发现，此类社会需求在很大程度上也是通过转化为物质利益刺激而"诱使"科技发展的，事实上和经济需求密切相关。

2. 政治与国家战略对科技发展的推动

不同的政治制度为科技创新活动提供不同的土壤，科技发展的速度因此会产生明显的差异。恩格斯就认为，奴隶社会比原始社会更有利于科技进步。他指出："只有奴隶制才使农业和工业之间的更大规模的分工成为可能，从而使古代世界的繁荣，使希腊文化成为可能。没有奴隶制，就没有希腊国家，就没有希腊的艺术和科学……"② 列宁也表示，资本主义制度比以往的政治制度更有利于技术发展，"资本主义生产创造了无可比拟地超过以往各个时代的高度发展的技术"③。马克思主义经典作家的这些话语，突出地表达了政治对科技进步的影响。

中国的科技发展史，其实也说明了政治与科技进步的关联性。尽管我们的古代劳动人民聪明智慧，在各类技术领域取得了很大的成绩，以四大发明为代表的技术成就享誉全球。但是，古代王朝的思想专制、八股取士制度对"理工科"的排斥、封建制度重伦理纲常轻视理性思维、小农社会重视实用主义忽视抽象思考等弊端，是不利于科学发展的。各国的古代技术，基本都是"经验型技术"，而不是"原理型技术"，并非科学理论指导下的产物，中国的古代技术也不例外。到了近代科学革命、技术革命、科学与技术开始走向结合的时代，中国在科技领域暂时

① 《马克思恩格斯文集》第3卷，人民出版社2009年版，第510页。

② 《马克思恩格斯选集》第3卷，人民出版社2012年版，第560—561页。

③ 《列宁全集》第1卷，人民出版社1958年版，第72页。

走向落后，就成为不可避免的事情。我们在科技领域赶超西方，也只有在1949年之后才能逐渐成为现实。因为1949年之后，我们的社会制度出现了变革。从中国的历史变迁可以看出，政治制度对于科技发展来说，是一种极其重要的影响力。良好的、适合国情的政治制度，能够促进科技的进步，是科技进步的强大动力。反之，则是科技进步的阻力。有理由相信，在中国特色社会主义制度下，中国的科技事业，必将迎来真正的腾飞。

除了政治制度以外，政治意志也会转化为国家战略，并进一步转化为促进或者妨碍科技进步的力量。比如，各国政府都非常重视军事、国防领域的建设，重视该领域的科技发展。很多科技，最先都是在军事领域发展起来的，然后才被推广到民用领域。原子能技术、计算机技术、互联网技术、航空航天技术的早期发展，无不如此。20世纪五六十年代，美苏争霸正酣，苏联率先把宇航员加加林送入了太空，暂时拔得头筹，美国不甘落后，在1969年成功地实现了登月。两国的战略竞争，带动了宇航技术、发动机技术、遥控技术、计算机技术、材料技术、能源技术等一系列领域的技术进步，反过来也促进了相关的科学发展。这就是国家战略促进科技进步的一个鲜明实例。

此外，很多国家的政府财政资助在科研经费中占有较大份额。在这种情况下，国家战略方向就会转化成科研项目的资助方向，转化为科学家的科研方向，从而推动相关领域的科技进步。重视某一学科，在该学科领域投入较多的财政资源，这一学科就会加快发展的速度。反之，就会影响相关学科的发展。

3. 科技制度与科技政策对科技发展的推动

近现代社会的科学研究，已不是“小科学”时代依靠科学家个人的单打独斗来进行的，而是高度的职业化、制度化。科学家作为一个职业，一般在科研院所、高等学校、企业研究机构进行科研活动，通过申请课题、项目的方式来获得财政支持或私人企业的资助。各国建立起一系列的科技制度，成为科技活动的基本框架，以规范、管理、协调科研活动的进行，起到促进或者阻碍科技进步的作用。

科技政策在特定的科技制度下运作，涉及科技项目评审、科技成果鉴定、科技人才评价、科技伦理规制、科研激励机制等广泛的方面。良好的、适合国情的科技政策，是科技进步的巨大动力，反之就会阻碍科技的发展。

科技制度与科技政策创造了科技工作者的行为环境，可以对科研行为起到规制、激励等作用。

4. 文化与社会观念对科技发展的推动

科技的发育与生长，需要合适的政治、经济土壤，也需要合适的文化环境。鼓励竞争、鼓励创新、鼓励想象力的文化氛围，就能促进科技的发展。相反，保守的、故步自封的文化与社会观念，就成为科技进步的阻力。

中国传统文化辉煌灿烂，但不可忽视的是，其中也存在着不利于科学发展的元素，“在我们的文化传统中，无论是‘六经注我’，还是‘我注六经’，其出发点与关注的核心都是对前人、古人、贤人、圣人的圣言、圣训、圣经、圣典的学与习，其目的是使人们在‘修身、齐家、治国、平天下’时尊圣人之道，崇祖宗之法。以儒学与儒家文化为代表的中国传统文化中这种重学轻思，重述轻作的文化传统，虽然有益于传统文化的记忆与守护、保存与传承，但不利于人们创新思维的养成，不利于文化的创新与革新，更不利于现代科学的生成与生长。”① 也有学者持有不同看法，认为以儒学为代表的传统文化与科学是相容的。例如，马来平通过对“格物致知”思想的研究指出：“格物致知与科学不是无关，而是大有关联，格物致知乃是儒学内部生长出来的科学因子。这一点既决定了儒学与科学具有根本上的相容性，也为证明儒学具有自己的认识传统、具有与现代科学相接榫的可能性，提供了内在依据。”② 在 21 世纪的今天，我们应当抛弃传统文化中不利于科技进步的成分，也要发掘出其中有益于科技发展的资源，将其创造性转化，使之成为促进科技进步的动力。

问题探究

1. 对科技发展模式及其动力的分析可以为科技制度、科技政策的构

① 林剑：《李约瑟难题与钱学森之问的文化诠释》，《人文杂志》2017 年第 12 期。

② 马来平：《格物致知：儒学内部生长出来的科学因子》，《文史哲》2019 年第 3 期。

建提供哪些洞见？

2. 试分析科学革命与技术革命的相互影响机制。

3. 如果有一天人工智能可以提出科学理论、改进或发明技术，这是否会改变科技发展的模式与动力？

延伸阅读

1. ［英］卡尔·波普尔：《科学发现的逻辑》，查汝强、邱仁宗、万木春译，中国美术学院出版社 2008 年版。

2. ［英］卡尔·波普尔：《猜想与反驳——科学知识的增长》，傅季重、纪树立、周昌忠、蒋弋为译，上海译文出版社 2005 年版。

3. ［美］库恩：《科学革命的结构》，金吾伦、胡新和译，北京大学出版社 2003 年版。

4. ［英］拉卡托斯：《科学研究纲领方法论》，兰征译，上海译文出版社 2005 年版。

5. ［美］布莱恩·阿瑟：《技术的本质》，曹东溟、王健译，浙江人民出版社 2014 年版。

6. 许良：《技术哲学》，复旦大学出版社 2004 年版。

7. 陈昌曙：《技术哲学引论》，科学出版社 2012 年版。

8. 王伯鲁：《马克思技术思想纲要》，科学出版社 2009 年版。

专题六

科学技术研究的问题意识与方法

本专题的选题背景及意义

在科学技术研究中，科学问题占据了重要的位置，科学问题有助于推动科学技术不断向前发展。当科学技术共同体面对瞬息万变的世界和不断发展的科学技术时，研究者只有具备了问题意识，并在科学技术研究以及日常生活中积极运用，才不会在越来越复杂庞大的信息与事实面前迷失自我，才能够抓住关键，促进问题的圆满解决。

科学技术的研究方法是指在进行科学技术研究时发现新现象与新事物、新理论与新规律而运用的手段与工具，具有选择上的主观性、内容上的科学性以及发展上的历史性和不断进化性。科学技术的研究方法在科学技术研究过程中十分重要，研究者通过有效的科学技术研究方法才能够去进行科学技术研究，才能够有所依赖、有所遵循。在科学技术研究中，研究者只有运用有效的科学技术方法，进行程式化研究，才能更高效率实现研究的目标，不断认识新的科学现象与科学事务，提出问题并且解决问题。

科学始于问题，科学就是不断提出问题与解决问题的活动。科学技术研究者具备问题意识对于科学技术的发展是至关重要的，认识到问题意识的重要性，就要不断地去培养自身的问题意识。与此同时，只有掌握适当的科学研究方法，才能推动科学技术的快速发展。

一　科学技术研究的问题意识

在科学技术研究中，我们究竟应当具备怎样的问题意识，具有问题意识对我们自身或者对于科学有什么影响，我们又如何培养自己具有较好的问题意识呢？这首先需要我们从认识问题意识本身的特性入手。

科学技术研究始于问题，其中包含着理性与感性的交织。从程序的角度来看，科学技术研究活动虽然是以搜集事实材料为起点的，但是审查何时才出现具有真正的创造意义的活动，却是从提出问题开始的。

（一）问题意识的涵义与特点

科学问题是指科学家或科研工作者在一定知识基础上提出来的，能够较好指向关于科学认识与科学实践中需要解决但是尚未解决的问题。科学问题可以按照问题的形式分成三种类型："是什么"的问题、"为什么"的问题以及"怎么样"的问题。"是什么"的问题要求对于研究的对象进行识别和判定；"为什么"的问题要求回答现象的原因或者行为的目的，是一种寻求解释性的问题；"怎么样"的问题要求描述对象或者对象系统的状态或过程。

1. 问题意识的涵义

劳丹认为，"科学本质上是一种解题活动"①。科学的探究过程就是不断提出问题，解决问题，再提出新问题的螺旋上升的过程，推动着科学的不断发展，同时科学问题也在一定程度上可以指导科学发展的方向。因此，在探究活动中，如果想要实现科学研究的目标，具备能够积极发现问题、解决问题的意识，是必不可少的。

问题意识中的问题，在这里即为科学技术问题。意识，在马克思看来，是一种人脑的机能，是一种主观的能动的对于客观世界的反映，意识指导人们能动地认识世界与改造世界。因此，科学技术探究的问题意识就是指在进行科学技术研究时，科学共同体具有一定的怀疑精神，能

① ［美］劳丹：《进步及其问题》，刘新民译，华夏出版社 1999 年版，第 154 页。

够主动地去发现科学技术问题，并且积极探索，揭示问题，促进其圆满解决。

2. 问题意识的特点

问题意识归根到底，是一种意识，是人的一种主观心理与思维，所以必然会受限于科学家个人的教育背景、心理因素与个性气质等。同时，人是社会的人，每一个科学家并不是孤立的，他的研究必然会受到社会知识历史累积的影响，也会受到同时代其他研究者的影响，因此其问题意识也会受限于科学技术研究者的时代背景。除了从"意识"方面去探讨问题意识的特点之外，我们从"问题"方面去探讨问题意识的特点，便会发现，并不是所有的问题都能称之为科学问题，所以并不是所有的主动发现问题，并且积极探索的意识都可以称之为科学技术研究中的问题意识，这里的问题意识有一定的受限条件，与其他的问题意识相比也有不同之处。

（1）问题意识受限于学科本身

科学技术的问题意识是研究者面临科学技术研究时所产生的，那么必然会受该科学技术学科本身的影响。不同的科学技术学科之间所要求的，以及该领域研究者所具备的问题意识都是不同的。因为在不同的学科领域中，所要求的研究目标、研究步骤与程序、重点关注问题都各不相同，因此对于研究者在某些事实、问题上保持敏感的要求也各不相同。例如，在物质科学领域，物理学侧重关注单一分子构成的固体或流体，而化学则更为关注分子①，因此，物理学学者会对宏观物质的存在问题更为敏感，而化学学者会对微观分子问题更为关注，并且由于其学科的基础知识、累积知识与研究方法不同，从而其问题意识会指导物理学学者与化学学者在各自领域的不同方面积极探索。

在单一学科性的问题上具备一定的意识有一定的积极意义，例如对本学科领域的问题高度敏感，有助于排除各项干扰因素，不仅更高效率，也能够更专业地解决问题。但是随着当代科学技术的发展，各门科学技术学科逐渐发展壮大，产生越来越多的分支，各门学科之间也不断

① 帅志刚、朱道本：《物理学与化学交叉——有机分子固体与聚合物的物理问题》，《物理》2002 年第 6 期。

交流融合，交叉学科也不断增多，因此仅仅具备单一学科的科学素养是远远不够的，问题意识的培养需要建立在多学科、多层次的广阔视角之上。

（2）问题意识受限于科学家个人

我们常常发现，不同的科学家对于同一个事物、同一个理论，常常会提出不同的问题，由此也会提出不同的科学假说与科学理论。每个人的问题意识并不是一样的，有强弱之分，也有优劣之分。人的认识是一个复杂的过程，在认识过程存在着各种理性与非理性因素的相互作用。科学技术研究不仅需要各种理性的认识方法，还依赖于研究者个人的各种灵感、直觉等非理性思维活动。问题意识作为人的一种意识，必然会受到研究者个人的影响，例如研究者个人的教育背景、主体的态度立场，甚至所属的单位部门等，科学家个人会影响其是否产生问题，会对哪些内容产生问题，探索的动力以及解决问题的方式等。因此，不同主体的问题意识不仅仅受限于科学家所面临的问题，而且也会在认识过程中受到科学家本人各种因素的影响。

（3）提出问题不等于具有问题意识

科学技术研究中的问题意识会指导科学技术研究者发现问题、探索问题、解决问题，而问题意识受限于科学家的个人因素与学科领域因素。那么在科学研究中，在某学科领域中，积极地发现问题、提出问题、解决问题，就可以说我们具有了科学技术研究的问题意识吗？实则不然。

当我们在观察现实物质运动和实验时，研究者会发现或者提出一些非科学问题，并不具有科学性甚至公共性，因此不能据此认为研究者具有科学技术研究的问题意识。科学技术研究的问题意识要求我们能够用科学的思维、科学的眼光去进行研究探索，要求科学技术的研究者具备充分的科学知识、对于科学的特性有足够或是独到的见解。在科学技术研究过程中，面对存在的问题能够自觉地联系自己的背景知识，严格按照科学研究的程序步骤进行探索，灵活运用科学研究方法进行研究，才可以称之为真正的具有了科学技术研究的问题意识。

（三）具有问题意识的意义

科学发展需要研究者具有问题意识，问题意识在科学发展中是必不可少的。科学作为一种认知活动，有其特殊的认识手段与认识方法，作为一种认知成果，有其特殊的表现形式与构成。因此，科学也就具备了与众不同的属性与特点，科学具有客观真理性、可检验性、系统性与主体际性。而问题意识有助于证明科学的客观真理性与可检验性①，问题意识促使科学工作者不断去进行科学实践，让科学理论不断接受科学实践的反复检验，使得科学知识随着科学实践不断深入与完善，向真理趋近。问题意识也有助于让科学家之间相互交流，科学知识被不同的主体所理解。通过问题的交流与解决，使科学真理获得不同主体之间的承认或是进一步的发展。因此，问题意识在科学之中占据了重要的位置，让科学是其所是，推动进一步的发展。

1. 问题意识推动科学理论创新

问题意识有助于科学发现。科学发现是一个复杂的过程，科学发现不是单个研究者在瞬间完成的单个科学陈述，既有理性的坚持不懈的探索，又有非理性的直觉、顿悟等对理性的反叛。② 重视问题意识，其实也就是重视了科学发现中的非理性因素，通过创新以谋求科学的进步。在科学观察与科学实验中，问题意识有助于排除干扰因素，揭示使科学观察或科学实验没有达到理想目标的原因，推动尽可能地去排除认知主体的主观因素，即排除个体的体验，抑或排除自然中的各种干扰因素，不仅得到关于世界的真实的结论，甚至能够证伪被信奉为真理的科学原理与科学事实，进而提出新的科学说明或科学预见。问题意识有助于提高科学家的个人素质，建立一种“敢于质疑，善于思考”的科研氛围，而非对于之前的科学理论或他人的研究成果不加质疑与分辨全盘接受。科学家个人与整个科学共同体的问题意识的培养，有助于科学的力量不断壮大，不断去发现与创新。

问题意识有助于假说的提出与理论的建立。科学假说是指人们根据已有的科学事实与科学理论，对于未知的自然现象与规律，经过了一系列的思维活动而作出的假定性解释与说明。科学假说的产生，出于以下几个原因：第一，新事实与原有理论之间相互冲突；第二，新旧事实之

---

① 刘大椿、万小龙、王伯鲁等：《科学技术哲学》，高等教育出版社 2019 年版，第 44 页。
② 刘大椿、万小龙、王伯鲁等：《科学技术哲学》，高等教育出版社 2019 年版，第 77 页。

间存在着矛盾；第三，理论与理论之间存在着矛盾；第四，理论内部存在着重大的逻辑悖谬。科学定律作为对于客观规律的描述，是主观性与客观性的统一，是绝对真理与相对真理的统一。[①] 问题意识有助于发现矛盾，进一步去减少由于历史条件、现实的科学研究工具等社会性条件以及人类的认识能力而带来的限制，通过不断地发问而能够更真实地把握世界，进一步对研究对象进行各方面、各要素、各关系的研究，更为容易发现科学事实，也更能够全面地获得丰富而完整的科学事实，更加客观，还原事物本来的面目。在这一过程中，提出新的科学假说，建立理论，推动科学的进步。

问题意识有助于检验理论与假说。科学理论与假说具有可检验性，科学的发现与科学实验不仅要发现事实，还要对事实以及事实与事实之间的关系进行解释，科学理论必须具备两个条件：一是逻辑条件；二是经验条件。[②] 问题意识让研究者能够关注到科学理论基础的概念体系以及科学理论所反映的经验事实之间的联系，对其中存疑处进行发问，揭示科学技术研究中的谬误和局限，并披露在研究者面前。只有当一个科学技术研究者具备了问题意识，才能去发现与揭示科学理论内部的逻辑错误，才能去分析得到新的科学理论与已公认的科学理论所存在的内部矛盾，才能够去实验检验理论的普遍性与自洽性。尤其是科学理论的评价与检验，由于观察容易出现错误、科学理论结构复杂，评价易受限于评价者与检验者自身局限等因素而具有复杂性，所以具有问题意识已成为科学研究者所必备的素质之一。在纠正观察错误，保护与证伪理论，降低个人因素方面，问题意识是必需的。

2. 问题意识保障研究效率与价值

科学技术研究是十分复杂的过程，需要进行大量的程序步骤，处理大量的信息数据。以物理学研究为例，一个新的物理学理论的提出，需要参考以往的研究成果及同时代的研究成果，分析排除多种干扰因素，确定各项受限条件，进行大量实验观察，分析各项实验观察结果，处理各项计算大量数据，建立理论，还需具有可重复性，能够接受他人的质

① 刘大椿、万小龙、王伯鲁等：《科学技术哲学》，高等教育出版社 2019 年版，第 82 页。
② 黄顺基、陈其荣、曾国屏等：《自然辩证法概论》，高等教育出版社 2004 年版，第 148 页。

疑与检验。在大量的程序与漫长的过程中，也会出现效率低下或者出现谬误，需要我们去积极质疑，勇于发问。具有问题意识的科学技术研究者会积极主动揭示对于科学技术研究中的各种矛盾与问题，并且利用知识去尝试解决它，以保证科学技术研究的效率和应具有的价值。强烈的问题意识有助于科学技术研究者提高工作效率，防止低水平的重复研究，提升自身的批判意识，保障科学技术成果应有的价值，推动社会科学的创新。

（四）如何培养科学技术研究的问题意识

通过分析，我们可以看到问题意识在科学技术研究之中十分重要，占据十分重要的地位。因此科学技术研究者要注重对于科学技术研究问题意识的培养，从而积极创新，推动科学技术的发展。

1. 培养科学精神

科学精神是指在科学研究的过程和成果中所显示出来的科学本身所独有的一种精神气质，以及与之相应的科学思想、科学方法。[①] 科学精神不仅仅对科学的研究进程有所影响，也同时有助于提高人们的认识能力，提升人们的问题意识，所以我们应当培养自身的科学精神，以此提升自身的问题意识，推动科学技术研究的发展。

首先，培养求真务实的精神。求真务实精神是指在科学活动中应坚持实事求是，勇于探索真理与捍卫真理。[②] 如果想要真正发现问题、提出问题与解决问题，我们必须把实际的情况摆在首位，做到实事求是，力求符合实际，将个人的得失置于真理的追求之下。不以以往的研究为权威，不以位高者研究为权威，而是要以真理为先，以实际为先。无论新的科学理论处于刚提出之时还是确立之后，无论其来源如何，我们都应当审慎接受，对其保持求实态度，这样才能够在研究中有自己的思想与标准，注重客观事实，发现、解决问题，才是真正的问题意识。

其次，培养有条理的怀疑精神。科学研究要求的是自洽、经验逻辑证明严谨，有条理的怀疑精神是指在科学研究中能够具有怀疑精神，并

---

① 刘大椿：《科学技术哲学导论》，中国人民大学出版社 2005 年版，第 53 页。
② 刘大椿：《科学技术哲学导论》，中国人民大学出版社 2005 年版，第 56 页。

且提出问题能够做到有条理、有依据。审慎接受理论，勇于挑战传统权威，大胆接受新学说。培养有条理的怀疑精神有助于培养研究者在面对科学技术研究时的理性思维，使研究者的问题意识为其指明前进的方向，少走弯路，辩证批判前人的研究成果，超越前人的思想，接受别人的批判，并且能够有依有据。对于科学技术的研究者来说，培养有条理的怀疑精神是培养问题意识的重要一环，因为其让研究者增强了思想中的怀疑精神，重视批判性，同时也加强了研究者的论证能力与理性思维，对于人们发现问题、解决问题的意识培养，具有良好的作用。

最后，培养开拓创新精神。开拓创新精神是指科学技术研究者能够不断开拓新视野、发掘新力量、拓展新空间、引入新方法、激活新思想、培植新精神。① 培养创新精神，就是培养人们面对事实与理论时，能够创新性地发现别人未曾涉及，或是存在谬误，抑或是尚未解决的问题。培养开拓创新精神不仅赋予了科学技术研究者们发现问题的能力与动力，同时也给予了解决问题的能力。而问题的发现、提出与解决必然建立在前人研究的基础上，科学技术研究者的开拓创新精神的培养使其问题意识在前人的基础上，在同时代的人的基础上，不断增强，学科问题不断提出与解决，学科理论不断建立与证伪。就在这种不断创新的过程中研究者的问题意识不断提升，学科领域也在不断发展。

2. 培养自身的科学素养

科学素养的培养不仅仅是指对于科学知识水平的培养，还指的是能够以科学的目光、科学的思维去看待事物，能够严格按照科学的程序进行研究，运用科学的框架结构进行提炼确立，并且能将这种科学的思维运用到日常生活中，处理日常事务，与他人相交流。只有能够熟练地运用科学的思维去生活、观察和实验，我们才能够去辩证批判、提升自身的问题意识。

首先，我们应当不断积累科学知识。在研究中，研究的选择、指向依赖于理论。在科学研究中，研究者会根据自身的理论知识来决定研究的方向、对象、方法等。培养科学技术研究者的知识积累水平必

---

① 刘大椿：《科学技术哲学导论》，中国人民大学出版社 2005 年版，第 57 页。

然也会对其观察、实验与解决问题的能力有所提升，增强科学技术研究中的问题意识，所以我们的问题意识必然建立在自身的理论知识、科学素养之上。一个研究者的科学知识积累水平越高，他在研究中就能够联系更多的知识，发现旁人所不能发现的问题，就越有探索解决问题的动力。因此，如果想要增强自身的问题意识，那么就应该去不断地增加自己的科学技术知识储备，从而面对研究时更能够得心应手。

其次，我们应当执着于创造性地解决问题。在具备了充足的科学知识的同时，需要我们执着长期思索，专心致志，期待有所突破。执着长期思索并期盼创造性解决问题的结果，大脑会建立许多暂时的联系，当我们在研究中遇到关键之处时，我们便能够获得灵感。坚持执着创造性解决问题，是问题意识不断提升的保障之一。通过我们的问题意识去发现研究中的问题，有时也是一个灵感迸发的过程，只有做到艰苦劳动，坚持不懈地努力，并且坚持创新，才能够让我们的问题意识去发挥真正的作用，才能够指导我们的科学技术研究的创新。

最后，我们应当抓住机遇。机遇在科学技术研究中占据重要的地位，抓住机遇有助于开启科学发展的新道路。科学本身是十分复杂的，我们不可能仅仅按照某一条单一路径来达到预期的目的，同时必然性总是通过偶然性来为自己开辟道路。偶然性是必然性的表现形式，充分利用偶然性在发现机遇中的作用，对于我们的问题意识的培养非常重要，这是因为问题意识本就是知道我们去发现与抓住科学技术研究中的各种线索并进行探索，我们越能够认识与抓住机遇，我们的问题意识就越能够让我们在研究中去有所收获。因此我们在科学技术研究中要做好准备，主动增加机遇的出现率，多去从事观察与实验活动，不要把自己的研究活动局限在传统的思维之内，主动尝试创新的研究活动，同时保持对于意外事物的警觉性，不要把全部的心思放在自己的预想之上，不要忽略那些无直接联系的事物，对各种线索十分敏感并非常注意，只有抓住有希望的线索追根究底，具有坚持的胆识，才能由此增加机遇的出现率。

3. 在发散性思维和收敛性思维之间保持张力

发散性思维是指科学思维中具有高度思想活跃和思想开放的性格的

思维；收敛性思维是指科学思维中建立在传统一致基础上，受到一系列规范约束的思维。[①] 发散性思维思路开阔，能从不同的角度、不同的方面进行思考，通过不同的途径去进行探索。当然，只有发散性思维是不够的，发散性思维与收敛性思维实际上也是渐进式与非渐进式思维方式的结合，而这两者对于问题意识来说，都是必要的。

增强科学技术研究者的发散性思维，能够增强研究者的创新意识，推动研究者积极创新，使得研究者能够从新的角度去思考研究中所面临的事实与现象。研究者能够通过新的手段、新的方法去解决所发现的新的问题，不仅是具有强烈的创新探索的驱动力的表现，同时还能够发现别人通过传统目光、传统思维方式、传统研究方法所不能获得的线索与事实，方法创新以解决别人所未涉及或者难以解决的难题。因此发散性思维的培养对于科学技术研究者的问题意识培养来说是十分必要的，没有发散性思维，研究者们就无法创新性地发现问题与解决问题，更不用谈确立其问题意识了。

收敛性思维对于科学技术研究者来说，也是十分必要的。收敛性思维要求研究者们能够按照已有的方法和理论，按照严格程序进行。如果否认收敛性思维的作用，那么我们就难以通过程序步骤去发现问题的症结所在，拒绝收敛性思维，我们的思维和探索活动，就缺乏坚实的基础，同时科学也就可能会变成纸上谈兵，成为天马行空、天花乱坠的幻想。按照收敛性思维进行科学探索，不断地进行严格的科学观察与科学实验，有助于我们充分了解事实，为我们的创新性的问题奠定基础。可以说，培育收敛性思维对于问题意识提升的作用是正向的，培育收敛性思维或者通过收敛性思维不断地进行科学技术研究活动，有利于提升研究者自身的问题意识。

发散性思维和收敛性思维对问题意识的培养都有帮助，而二者并非完全矛盾，科学技术研究者的正确态度应当是在收敛性思维与发散性思维之间保持一种张力，兼顾发散性思维与收敛性思维的培养，我们应当既能认识到发散性思维培养的重要性，也能认识到收敛性思维培养的重要作用。在科学技术研究中，要注重二者的结合。

① 刘大椿：《科学技术哲学导论》，中国人民大学出版社 2005 年版，第 110 页。

二　科学技术研究的研究方法

关于科学技术研究方法自古以来存在着许多争论。科学技术研究方法探索的目标之一，是为科学技术研究找到一个可供信赖的工具系统，以此找到一种能够适合每一个人每一个课题的工具系统，使得科学技术研究能够更加地程式化。而在具体的科学技术研究实践中，我们可以发现，这种一劳永逸的科学技术研究方法是建立不起来的，但是这一努力仍有积极意义。

（一）历史上的科学技术研究方法

在西方哲学和科学发展过程中，其研究方法主要表现为理性的、逻辑的思维方法，通过对历史上所出现的诸多研究方法的分析，我们也可以从中寻找到若干有价值的方面为我所用。

1. 亚里士多德的科学方法论

亚里士多德是最早对科学发现方法进行系统研究的哲学家，他对科学程序、科学解释与科学结构都进行了系统的分析。首先，在科学发现方面，亚里士多德认为科学发现的模式为发现—演绎模式，科学发现要经过两个阶段：经过自然观察上升到一般性的原理；再从一般性原理演绎出符合观察现象的陈述。同时亚里士多德探讨了两种归纳法：简单枚举法与直观归纳法。简单枚举法是指通过单独对象的枚举以此能够得到普遍的结论，而直观归纳法是指对于研究对象的一般原理的最直接的把握，是直接通过研究对象而获得本质。对于科学解释来说，亚里士多德认为科学解释是从表面现象的知识过渡到原因性知识，一个成功的科学解释的前提必须是要广为人知，并且无需演绎地证明。而现象陈述能从解释性的原理中演绎出来则是科学解释的完成标志。亚里士多德也提出了对于科学结构的看法，他认为科学是一组通过逻辑演绎所组成的一组陈述，知识体系是一个组织有序的宝塔形结构，从具有最普遍的公理出发，逐渐上升到普遍程度最小的定理，而逻辑原理处于一切证明的最高层次。

2. 培根的归纳逻辑研究

培根反对亚里士多德的归纳法，他认为寻求真理的最佳途径应是从经验知识中所获得的特殊事例通过归纳法发现较低公理，然后运用归纳法逐渐上升，直至达到普遍公理，而整个归纳的过程主要存在着三种形式的公理：较低公理、中间公理、普遍公理。

培根的归纳主义模式与亚里士多德的归纳—演绎模式存在着两点不同：首先在于前者所提出的普遍公理的获得过程是逐渐的、上升的，而后者所提出的过程则是直接从经验知识或特殊事例飞跃到普遍公理；其次在于亚里士多德对于归纳的机制并没有进行探讨，而培根试图找到一种真正的、科学的归纳方法。

培根通过对其归纳主义模式进行探讨，开创了归纳逻辑的研究，同时也将科学程式化的方向转向科学发现的程序方向。

3. 穆勒对归纳逻辑的深入研究

穆勒的归纳方法主要有五种：求同法、求异法、混合法、剩余法、共变法。

求同法是指寻找共同原因以确定原因。求异法是通过寻找差异因素以确定原因。混合法是指求同法与求异法的综合运用。剩余法是指在已知某些因素是某些现象的原因，那么便可推导出其他因素是其他现象的原因。共变法是指当两个相继现象成正比或反比时，则前者是后者的原因。

4. 笛卡尔的演绎主义模式研究

笛卡尔不同意培根的观点，他认为人类的知识都能够从基本原理出发，如同数学推理一般推理出其他的知识，而基本原理方面，笛卡尔认为其依靠理智的直觉，是不证自明的、是先验的。

演绎主义模式虽然肯定了理性在科学中的作用，但是却忽略了经验在认知中的作用。

（二）科学事实的获取方法

科学事实是指对于日常的经验事实经过了科学整理之后，所得出的关于日常事件的经验的真实描述或判断。科学的研究目标之一便是发现事实以及建立事实之间的各种联系，科学事实的获取对于科学研究来说是至关重要的，只有发现科学事实，才能去建立科学事实之间的联系，才能够去发挥科学理论的解释与预见的功能，实现科学的不断发展。而科学事实的获取主要通过两种途径——科学观察与科学实验，因此，如果要研究科学事实的获取方法，就需分别探讨科学观察与科学实验的方法。

1. 科学观察

科学观察是建立在日常观察的基础上的。人们通过感官接受外部的刺激，以此形成了对外部世界的感觉，这便是日常的观察，而在日常观察的基础上，尽可能地排除主观因素，以此试图去得到关于世界的真实表征，即为科学观察。

科学观察分为直接观察与间接观察，其区别在于是否借助仪器。直接观察不借助科学仪器，主要进行的是自然观察，观察在自然条件下所发生及变化的对象，通过感官获得第一手的资料。而间接观察则借助科学仪器，以此获得自然条件下所不能获得的观察资料。

科学观察是获取科学事实的重要途径，许多理论的产生与发展，都来源于科学观察。但观察作为主体的一种目的性的活动，在观察对象的选择、观察方法的使用上难免与主体的思维活动、知识水平与个人素质等相连，即观察渗透理论。为了让科学观察能够在科学研究中发挥应有的作用，科学观察需要坚持两个原则：客观性原则，主张不改变观察对象，不干预自然条件的前提下进行观察；全面性原则，在进行观察时，要去观察事物的每一方面，每一联系，让观察变得更加可靠。这两条原则可以细化为许多的要求与方法，保证科学观察的全面性与客观性的实现。

首先，我们应当多次重复观察。科学实验的结果应当被不同主体所检验，通过科学观察能够得到相同的结果，这也就说明观察者的主观因素的排除，保证了科学理论或科学定律的客观性和全面性。因此我们在科学观察时应当进行多次重复观察，同时要制定客观标准进行重复性观察，降低主观性因素的影响，让科学观察最大可能去反映客观事实。

其次，在进行科学观察时，科学家应当坚持观察与相关理论相联系，让理论指导我们的观察。理论为科学的观察提供了正确的方向，提供了正确的概念系统与推理规则，科学观察不仅仅要去发现信息，还要去加工信息，不仅仅局限于“看到”，还要对于观察的信息进行评估和理解，同时理论所提供的逻辑框架、理论框架与表述语言，有助于我们能够发现单凭肉眼所无法发现的事物，消除假象，排除误差，发现事物的真正作用与真正价值，更快捷高效，也推动着科学家不断作出重大发现。

最后，科学家应当借助先进的仪器和工具进行科学观察。科学仪器提升了人类处理与表征信息的效率，满足了科学的精确性、全面性、客观性的要求，有助于科学家观察到更多、更精确的数据，而单单凭借直接观察是无法做到的，所以在科学观察中，科学家应当积极主动借助科学仪器，扩大观察视野，避免出现信息的失真与谬误。

观察虽然是获取科学事实的重要途径，但是科学观察也有其局限性。现实世界瞬息万变，观察者难以控制对象的发展进程，对于具有复杂性的对象难以进行观察，也难以进行重复性观察，所以局限性在科学观察中是无法避免的，因此我们在肯定科学观察，重视科学观察方法探索的同时，我们也要通过科学实验去获取科学事实，弥补科学观察的不足。

2. 科学实验

科学实验是指研究者为了达到某种目的，在研究者的设计下，排除干扰因素，通过人工设备对研究对象进行干预控制，或进行模拟，以得到自然条件下所不能观察到的数据。从科学观察到科学实验，实际上是不断纯化的过程，科学实验相比于科学观察来说，具有不少的优点：首先，科学实验有助于排除干扰，在理想的状态下去研究自然。其次，科学实验可以控制实验对象的变化，科学研究者通过多次重复的科学实验得到精确的结果。最后，科学实验使得实施对象在特定的条件下重复出现，从而能够得到精确的结果。

科学实验需要创造出特定的条件，对于自然的对象、现象、过程进行简化、纯化或者强化。在自然世界中，自然现象瞬息万变，或者与其他的自然现象相交织在一起，本质特征被其他的自然现象所隐藏，并且在科学研究中，我们的实验对象选择、方法选择、研究视角等易受到主观因素影响，会因为主观因素而影响结果的客观性，难以观察发现，并产生谬误。所以在科学实验中需要去创造特定、全面的条件，将实验对象与其他的自然对象相隔离开来，使得实验对象的本质特征能够更加纯粹地展现在研究者面前，排除干扰因素，创造出特定的人工条件，或者创造出在自然界中难以出现的条件，获得客观全面的科学事实。

科学实验可以通过建立各种模型来对研究对象进行模型化处理。模型化处理有助于研究者对难以实验与观察的事物进行研究，通过实物模型、思想模型或计算机仿真模型，大大地扩展了科学研究的范围。在科学研究中，有时可能因为外部条件的限制，直接研究耗资巨大或研究对象本身具有复杂性，使得难以进行直接的实验，因此可以设计出与对象相似的模型，对模型进行实验，通过实验结果来推测真实对象的规律。

在科学实验中，常常需要对各项数据进行测定与描述，即测量。在科学实验中，测量十分重要，定量实验不断地发展也是科学进步的显著标志之一。在实验中，测量通过科学仪器将对象纳入测量系统之中，并且对实验对象进行干预，控制着对象的实际发展。

对于实验，我们也要看到其相对性。实验会受到时代条件的限制，实验结果也会受到限制；实验的设计者会受到时代背景的影响，同时实验的设计也会因为时代条件而受到限制，所以随着时代的发展，实验结果可能会被后来的实验所证伪。因此，我们不能将实验置于绝对地位，应当看到实验的条件性，辩证地看待实验与实验结果。

（二）科学问题的提出与解决

科学问题是指某时代的科学家在特定的知识背景下所提出来的需要解决但是尚未解决的问题。[①] 科学研究始于问题，科学问题提出之后，科学家会寻求解答，不断地发现探索科学事实以及相互之间的联系。提出一个好的问题是科学研究的开端，提出科学问题主要通过以下几个方面。

首先，新的事实与旧的理论发生矛盾。科学问题都是在一定的时代背景下所提出来的，科学的理论受限一定的时代背景。科学理论是对现象试探性、暂时性的解释，因此随着科学技术、社会经济等条件的发展，可能会出现新的事实与科学理论相冲突，激发新的科学问题提出，

① 刘大椿、万小龙、王伯鲁等：《科学技术哲学》，高等教育出版社2019年版，第84页。

创新理论。

其次，寻求经验事实之间的联系并给予解释。这不仅是科学活动的目标之一，也是科学问题产生的途径之一。科学工作者在进行科学研究时不仅仅要去发现事实，也要去寻求事实与事实之间的内在联系，建立解释理论，从而能够提出新的科学问题，提出新的科学假说，建立新的科学理论。

再次，理论内部存在着重大的逻辑悖论或错误也会产生科学问题。科学的知识体系应当是严密且无矛盾的，而理论内部的逻辑跳跃或推理上的不严密会使矛盾出现，从而进一步引申出新的科学问题，而这样的科学问题的解决会引起科学的理论的突破性进展。

最后，科学家在不同学科的理论体系之间寻求逻辑的统一性，进而发现矛盾与冲突也会导致新的科学问题提出。科学知识体系无矛盾的原则不仅仅要求科学家在学科内部去发现矛盾、解决问题，还要求科学家在不同的学科之间去发现矛盾、解决问题，由此而提出的科学问题更具普遍性，使得各学科之间协调促进发展。

科学问题的提出十分重要，科学问题的解决同样十分重要，可通过以下几种方法解决科学问题。

首先，通过进一步获取事实以解决问题。扩大科学认识的范围，增加新的、更精确的认识本就是科学共同体的工作之一，获取新的科学事实有助于增加获得我们所需要的解答。但是，获取新的事实并不是漫无目的地搜查，而是应当根据科学问题的指向与应答域获取事实，并进一步设计实施实验及观察，从而解决科学问题。

其次，引入新的科学假说以解决科学问题。当原有理论无法解释新的科学事实与科学问题的时候，科学共同体应当提出新的科学假说以寻求答案。

最后，引入新的概念以解决问题。新的科学问题对于原有理论的基本概念产生怀疑，并且久久不能解决时，科学工作者可以引入新的概念以揭示更普遍的理论与规律，发现科学问题的解决方法。

（三）科学理论的创立

科学问题提出、科学事实获取之后，科学家总结自己的研究经验，上升到基本的概念与理论，这是一个知识创新的过程。这一过程可以分为四个阶段：问题的提出；问题的求解；问题的突破；问题成果的证明与检验，这也是科学理论的创立过程，包括了创造性思维、常规思维在内的一系列思维运动过程。

1. 创立科学理论的语言

科学事实的获取、科学概念的形成、科学定律的提出、科学假说的形成，都需要科学语言来进行记录表达，交流传播。对于科学理论来说，科学语言是形成科学理论的基础，只有借助了科学语言才能够实现理论的描述与传播，理论之间才能够交流发展。

科学语言在科学理论的各个部分起着不同的作用，在创立科学理论时，科学家应当发挥科学语言的不同作用。

首先，科学语言在科学理论中记录科学事实。科学语言具有记录、描述科学事实的作用。通过科学语言，科学事实才能够被记录与整理，而科学理论创立则需科学事实。因此科学语言对于创立科学理论十分重要。

其次，科学语言在科学理论中表达术语概念。科学术语不仅应当将科学概念作为其内容，同时也应当反映科学概念所指称的客观事实。科学家要重视科学语言是否在表达术语概念时足够精确，在运用科学语言表达科学术语时要重视其专义性、清晰性与严密性。

最后，科学语言确立科学定律命题。科学的定律命题是对研究对象的本质属性、内外部联系所作出的判断与表达，这必定是需要通过科学语言才能够实现。在科学的研究中，科学家要不断推动科学语言的发展，对科学研究成果需要更为精确的表达。

科学语言形式化发展从而推动出现了人工语言。人工语言是科学语言的进一步发展，用专门的符号代替了词汇，表达了人们的思想推理过程，是一种形式化的数学语言和逻辑语言，也是一种构造理论体系的演绎方法。在科学研究中，人工语言的构造分为四个环节：首先，创立初始符号，代替特定的词汇、概念、术语等；然后确立规则；随之提出公理；最后确定变形规则。科学家在进行科学理论的确立时，常常会通过以上步骤来确立特定的人工语言，对于科学理论、科学定律进行抽象化描述，但是这种人工语言仍然需要自然语言才能实现理解与规则转换，因此人工语言不能离开自然语言。

2. 创立科学理论的思维方法

创立科学理论有着非常多样的思维方法，包括演绎方法、非演绎方法。

演绎方法是指从真实的前提出发，通过逻辑有效的真实推理，从而推导出结论。演绎推理在科学理论的确立中起着十分重要的作用，许多重大的科学发现，都离不开演绎方法的使用。但是演绎方法也存在着局限。在演绎方法中，推论的可靠性受到了前提的制约，但前提是否正确却在演绎推理中无法解决。汉斯·赖欣巴哈认为："结论不能陈述多于前提中所说的东西，它只是把前提中蕴含的某种结论予以说明而已。"① 即演绎推理只是揭示了在前提中所包含的结论。但是我们在科学实践中发现，演绎方法所揭示的前提中所蕴含的内容还有可能是人类尚未发现的领域。

非演绎方法是带有或然性、跳跃性的方法，包括分析与综合、归纳与概括、类比与联想。

分析是指将研究对象进行划分，划分成各个要素、各个部分、各个方面、各个层次等，分别加以认识的方法。而综合则是指在分析的基础上，将各个要素、各个部分、各个方面、各个层次等综合起来加以研究，从而形成整体认识。在进行分析时，要具有整体的观点，要看到各个方面的联系，不能把有机整体割裂开来。分析与综合应当互为前提，相互依存。

归纳是由个别推进到一般的方法。归纳法最早由亚里士多德所提出，之后又不断发展。培根创立了三表法，穆勒又提出了更为完善的"穆勒五法"。后来休谟提出了对于归纳法的质疑，提出了"归纳问题"，赖欣巴哈引入"频率概率"概念，卡尔纳普引入了"确证度"的概念，推动了归纳法的发展。概括也是一种从特殊认识上升到一般性认识的思维方法，分为经验概括与定律概括。

类比是从一个特定的对象推导到另一个对象的方法。它与归纳从个

---

① ［德］汉斯·赖欣巴哈：《科学哲学的兴起》，伯尼译，商务印书馆1983年版，第32—33页。

别推导到一般不同，与演绎从一般推导到个别也不同，在归纳和演绎无能为力的地方，类比发挥着自己的作用。类比的方法具有突破性和创造性，有助于发现新的问题，解决难题，进入未涉足的领域，但是类比也存在着局限，类比方法的结论是或然的，是因为对象与对象之间虽然会有相似之处，但是也存在着差异。

3. 创立科学理论的思维形态

创立科学理论的思维形态是指在建立科学理论时科学工作者的思维活动的形式。创立科学理论的思维形态是十分多样的，包括抽象思维与形象思维、收敛思维与发散思维、直觉与灵感。

抽象思维是指运用抽象信息的内容进行思维活动，用概念揭示事物的本质，以概念为基础进行判断和推理；形象思维是指运用形象信息的内容进行思维活动，用意向揭示事物的本质，以意向为基础进行判断和推理。

抽象思维和形象思维存在着明显的不同。首先，作为概念思维的基本的要素是抽象的，作为形象思维的基本的要素是形象的；其次，前者推理过程在概念及判断之后完成，而后者是在意向及其联想与典型化后完成。抽象思维与形象思维之间也存在着密切的联系。形象中也包含着抽象的内容，并且二者在一定程度上可以相互转化。

抽象思维与形象思维作为人类最基本的两种思维形态，在科学理论的创立中起着十分重要的作用。科学家应当自觉积极运用抽象思维与形象思维，建立科学理论，既看到抽象思维与形象思维之间的区别，也看到两者之间的联系，在其中保持一种张力。

收敛性思维与发散性思维。收敛性思维是指在科学研究中，根据已有的理论与方法，严格按照科学研究的程序进行；发散性思维是指从不同的方向、不同的角度进行思考，不受已有理论与方法的束缚。收敛性思维与发散性思维的区别就在于渐进性与非渐进性的区别。

在创立科学理论中，首要是通过长期的收敛性思维，运用已有的理论与方法进行研究，然后再根据发散性思维，以新的视角进行研究，解决科学问题，并提出新的观点。在科学研究中，往往会采取综合运用的方式。

直觉与灵感。直觉是指对于理论、规律的一种猜测；灵感是突然到来的一种创新性认识。直觉与灵感都是顿悟的一种，具有偶然性、创新性。直觉与灵感很难分开，因为二者都是突然地随机产生的某一过程。但是细究来看，直觉是在探究过程中未经渐进性的突然洞察，而灵感则是在长期探究或遭遇瓶颈之后的偶然认识。

（四）科学理论的评价与检验

在创立科学理论之后，应对科学理论进行评价与检验，才能够得到认可，成为人类共同的财富。对于科学理论的评价和检验，可以从逻辑评价与实验检验两方面进行。

1. 科学理论的逻辑评价

科学理论的评价，是指对科学理论优劣进行推理判断的过程。科学理论的逻辑评价主要包括三方面的内容：相容性评价、自洽性评价与简单性评价。

相容性评价是将新理论与公认理论进行联系，分析逻辑上是否能够相容的过程。相容性评价会导致两种结果：其一是进行相容性评价之后发现新理论，其二是进行评价之后发现现有理论包含错误，会将其进行理论排除或者进行修改以促进理论进一步发展，这是科学家发展理论的重要途径；自洽性评价是指对科学理论内部是否存在矛盾进行分析判断的过程。

科学理论的简单性评价主要在于判断理论的普遍性、分析理论的前提，或基本假定是否足够少以及分析变量的次数与方程的级是否较低等方面。

2. 科学理论的实验检验

科学理论的检验是对科学理论的真理性进行分析判断的过程。科学理论的实验检验是对理论进行观察和实验，分析判断其真理性的过程。在这一过程中，理论或与已知经验相符合，或与未知现象相符合，又或与未知现象不符合。

确证的方法是验证单称命题，也就是对于全称命题的检验，如果检验蕴含与经验命题相一致，那么检验蕴含的前提即相应的全称命题即得到了一次确证，但不能说命题被确证了，是因为确证由于逻辑的不对称性，单称命题的真或假的检验，是决定不了全称命题是否为真理的。

而当检验蕴含与经验命题不一致时，即用否证的方法，与确证不同，是可以决定命题的真或假的，因为虽然全称命题是不能由单称命题所推导出来，但是却可以通过与单称命题的矛盾来否证理论。否证和确证是检验科学理论的两种基本方法，两者是相辅相成的，共同推动科学研究的发展。判决性试验发生于两个相互竞争的理论取舍时，可以通过设计，从相互竞争的理论中推导出相互排斥的理论蕴含进行观察与实验，通过观察或实验结果来决定理论的取舍。

问题探究

1. 科学技术研究问题意识的涵义与特点。
2. 如何培养科学技术研究的问题意识？
3. 科学事实的获取方法有哪些？

延伸阅读

1. 刘大椿、万小龙、王伯鲁等：《科学技术哲学》，高等教育出版社 2019 年版。

2. 黄顺基、陈其荣、曾国屏等：《自然辩证法概论》，高等教育出版社 2004 年版。

3. ［德］汉斯·赖欣巴哈：《科学哲学的兴起》，伯尼译，商务印书馆 1983 年版。

专题七

科学技术的社会功能

本专题的选题背景及意义

马克思、恩格斯具有十分丰富和深刻的科学技术的社会功能思想，如科学技术推动社会进步、科学技术促进人类自由解放、科学技术异化等。在马克思、恩格斯之后，关于科学技术的社会功能思想得到很好传承和发展，较具代表性的思想家有马尔库塞、哈贝马斯等。如此，形成了极具影响的马克思主义科学技术的社会功能思想。当前，随着科学技术的快速发展和广泛应用，如互联网、物联网、大数据、人工智能等信息通信技术，科学技术在给社会带来诸多益处时，也伴随着不少风险，如目前较受关注的环境污染、平台经济垄断、个人隐私数据泄漏等。因此，有必要对马克思主义科学技术的社会功能思想进行挖掘和研究，以使科学技术能更好推动社会发展和建设。

科学技术是推动人类社会进步和发展的重要因素之一，它在社会运行与建设中具有重要作用。在马克思看来，“没有技术进步的支持和推动，社会生产力就难于取得重大发展，工业、商业、农业乃至人们之间的交往模式就难以发展和更新，社会进步与人类的解放也就无从谈起”①。然而，科学技术在推动社会进步和发展的同时也带来了诸多问

① 刘大椿等：《审度：马克思科学技术观与当代科学技术论研究》，中国人民大学出版社2017年版，第111页。

题，即科学技术异化问题。因此，需要辩证审视科学技术的社会功能。为了全面、深入认识科学技术的社会功能，下面将从马克思主义的视角对科学技术的社会功能进行系统分析，以为充分发挥科学技术的社会功能提供理论基础。由于马克思的著作中并未对“科学”和“技术”两个概念进行明确区分，因而，本专题也不对二者作明确区分，即在论述中，“科学”“技术”“科学技术”三种表达并无实质性区别。

一 科学技术与社会进步

关于科学技术对社会进步与发展所具有的重要功能，马克思主义一直持肯定态度。如刘大椿等人所言：“在本质上看，科学、技术是推动社会进步的革命性力量——这是马克思科技审度的基调。”① 对此，恩格斯也曾评价道：“在马克思看来，科学是一种在历史上起推动作用的、革命的力量。任何一门理论科学中的每一个新发现——它的实际应用也许还根本无法预见——都使马克思感到衷心喜悦，而当他看到那种对工业、对一般历史发展立即产生革命性影响的发现的时候，他的喜悦就非同寻常了。”② 由于在马克思的视域中，“科学技术是生产力”是科学技术推动社会进步和发展的重要基础。因此，下面将首先对科学技术是生产力以及科学技术对生产力的推动作用进行分析。以此为基础，再对科学技术对社会变迁、经济转型、管理创新等的推动作用进行论述。

“科学技术是生产力”是人们最为熟悉的马克思主义基本原理之一，同时也是科学技术推动社会进步的重要理论基础。虽然直到 1978 年，“科学技术是生产力”这一观点才由邓小平明确提出，但在马克思的著作中这一思想早已得到表述。马克思通过对科学史、技术史等著作的阅读和分析，看到了科学技术对生产力的推动和促进，并指出科学是“直接的生产力”③。具体而言，马克思认为：“整个生产过程不是从属于工人的直接技巧，而是表现为科学在工艺上的应用……资本的趋势是赋予

① 刘大椿：《马克思科技审度的三个焦点》，《天津社会科学》2018 年第 1 期。

② 《马克思恩格斯选集》第 3 卷，人民出版社 2012 年版，第 1003 页。

③ 《马克思恩格斯选集》第 2 卷，人民出版社 2012 年版，第 785 页。

生产以科学的性质，而直接劳动则被贬低为只是生产过程的一个要素。"[①] 在此基础上，马克思得出结论："劳动生产力是随着科学和技术的不断进步而不断发展的。"[②] 通过对生产力的促进与推动，科学技术成为制造财富的重要方式。马克思指出："生产过程成了科学的应用，而科学反过来成了生产过程的因素即所谓职能。……科学获得的使命是：成为生产财富的手段，成为致富的手段。"[③] 科学技术通过促进生产力的发展以及成为创造财富的手段，逐渐引起社会各种因素发生变革，最后推动社会的发展与进步。对此，马克思曾做过精彩论述："火药、指南针、印刷术——这是预告资产阶级社会到来的三大发明。火药把骑士阶层炸得粉碎，指南针打开了世界市场并建立了殖民地，而印刷术则变成新教的工具，总的来说变成科学复兴的手段，变成对精神发展创造必要前提的最强大的杠杆。"[④]

具体而言，科学技术通过两种途径推动生产力的发展。其一，科学技术本身就是生产力。在《1857—1858 年经济学手稿》中，马克思明确表达了科学技术本身就是一种生产力的观点，他指出："同价值转化为资本时的情形一样，在资本的进一步发展中，我们看到：一方面，资本是以生产力的一定的现有的历史发展为前提的——在这些生产力中也包括科学——，另一方面，资本又推动和促进生产力向前发展。"[⑤] 由于科学技术本身就是一种生产力，因而，科学技术的发展与进步也就是生产力的发展与进步。其二，科学技术对生产力的发展具有决定性作用，即科学技术是第一生产力。科学技术的形式多种多样，并非所有的科学技术都是生产力，如纯理论的科学原理就不能作为直接生产力。但是，这并不是就否定了科学技术作为生产力的观点，而是强调这些科学技术作为生产力的决定性要素在推动着生产力的发展，它们本身不是直接的生产力。如马克思所言："随着大工业的发展，现实财富的创造较少地取决于劳动时间和已耗费的劳动量，较多地取决于在劳动时间内所运用的

---

① 《马克思恩格斯全集》第 31 卷，人民出版社 1998 年版，第 94 页。
② 《马克思恩格斯全集》第 44 卷，人民出版社 2001 年版，第 698 页。
③ 《马克思恩格斯文集》第 8 卷，人民出版社 2009 年版，第 356—357 页。
④ 《马克思恩格斯文集》第 8 卷，人民出版社 2009 年版，第 338 页。
⑤ 《马克思恩格斯全集》第 31 卷，人民出版社 1998 年版，第 94 页。

作用物的力量，而这种作用物自身——它们的巨大效率——又和生产它们所花费的直接劳动时间不成比例，而是取决于科学的一般水平和技术进步，或者说取决于这种科学在生产上的应用。”①

基于对生产力发展的促进作用，科学技术也极大推动了社会关系和社会形态的变迁，这主要体现在生产力与生产关系的相互影响上。“生产力与生产关系之间的矛盾是人类社会的基本矛盾。一定的生产力总是要求一定的生产关系与之相适应，生产力的发展迟早会引起生产关系的变革。技术是一种直接的生产力，产业技术的发展会通过劳动方式的不断变革，把生产力的发展传递到生产关系层面，从而影响和推动着生产方式、生活方式、政治、军事、思维方式、意识形态乃至整个社会关系的变革。”② 马克思对生产力对于社会关系的影响进行了深刻总结。“随着新生产力的获得，人们改变自己的生产方式，随着生产方式即谋生的方式的改变，人们也就会改变自己的一切社会关系。手推磨产生的是封建主的社会，蒸汽磨产生的是工业资本家的社会。”③以此为基础，马克思便形成了以生产关系为基础的经典社会形态理论——社会形态理论“五形态说”，即把人类社会形态划分为：原始社会、奴隶社会、封建社会、资本主义社会、共产主义社会。但需要看到，马克思在这里的总结不仅表达了以生产关系为基础的社会形态理论，而且表达了以生产力或科学技术为基础的社会形态理论：以手推磨为技术基础的社会形态是封建主的社会，以蒸汽磨为技术基础的社会形态是工业资本家的社会。

当前，在互联网、物联网、大数据、人工智能、区块链等智能技术的大力推动下，当代社会正在步入智能社会，这是科学技术推动社会形态变迁的很好体现。刘大椿指出，以智能技术为基础的智能革命是“是自17、18世纪第一次科技革命以来的第四次科技革命以及与之相对应的产业革命。此前还有三次与其同样重要的革命：蒸汽革命、电力革命、信息革命”④。

---

① 《马克思恩格斯全集》第31卷，人民出版社1998年版，第100页。

② 王伯鲁：《马克思技术思想纲要》，科学出版社2009年版，第231页。

③ 《马克思恩格斯文集》第1卷，人民出版社2009年版，第602页。

④ 刘大椿等：《智能革命与人类深度智能化前景（笔谈）》，《山东科技大学学报》2019年第1期。

在智能技术及其机器的推动下，“包括人在内的万事万物都会通过数据流联结为可以感知和回应环境变化的泛智能体，整个世界将有可能演变为复杂、泛在的智能化虚拟机器”①。随着智能化范围的迅速扩大，通过“顶层设计的战略性推动，再加上资本力量的聚集、科技公司的布局、各类媒体的纷纷宣传，以及有识之士的全方位评论，加快了智能化社会到来的步伐”②。总的来说，智能社会是以智能技术为技术基础，被智能技术全面改造、推动和影响的社会。就技术特征而言，智能社会并非是一种与信息社会具有本质区别的社会。叶美兰、刘永谋等人指出：“根据技术形态理论，人类文明大致先后经历了游牧社会、农业社会、工业社会和信息社会，对应着狩猎技术、农业技术、机器技术和智能技术。信息社会建基于以信息通信科技为主干的智能技术，普遍使用计算机、自动化设备等智能工具，兴起于20世纪下半叶，目前仍在飞速发展。”③据此可知，智能社会是信息社会发展至今的最高阶段，它与信息社会并无技术特征上的本质差异，差别仅在于相同技术的发展水平不同。

除了推动社会关系和社会形态的变迁之外，科学技术还能很好地促进经济的发展，这首先体现在对产业结构升级的促进上。虽然马克思非常关注科学技术对生产力的推动以及对这种推动评价非常高，如“资产阶级在它的不到一百年的阶级统治中所创造的生产力，比过去一切世代创造的全部生产力还要多，还要大”④，但是，“与科技促进生产力的飞速发展相比，马克思认为，更重要的是科学技术导致了产业结构的升级和高级化，这才是社会生产力飞速发展的根本原因”⑤。以所在社会为背景，马克思看到了在工业革命的推动下，产业结构由手工业经济向工业经济的升级。马克思指出：“只有大工业才用机器为资本主义农业提供了牢固的基础，彻底地剥夺了极大多数农村居民，使农业和农村家庭手

① 刘大椿等：《智能革命与人类深度智能化前景（笔谈）》，《山东科技大学学报》2019年第1期。

② 成素梅：《智能化社会的十大哲学挑战》，《探索与争鸣》2017年第10期。

③ 叶美兰、刘永谋等：《物联网与泛在社会的来临——物联网哲学与社会学问题研究》，中国社会科学出版社2015年版，第68页。

④ 《马克思恩格斯选集》第1卷，人民出版社2012年版，第405页。

⑤ 刘大椿等：《审度：马克思科学技术观与当代科学技术论研究》，中国人民大学出版社2017年版，第138页。

工业完全分离，铲除了农村家庭手工业的根基——纺纱和织布。”[①] 马克思对于科学技术促进产业结构升级的这一思想，在之后的社会发展中得到了很好的验证。随着科学技术的快速发展和广泛应用，人类社会又接连经历了信息革命、智能革命两次技术革命。以此为基础，产业结构也经历了由工业化到信息化再到智能化的升级过程。目前，就产业结构而言，基于智能技术的产业结构已经逐渐发展起来，如智能生产、智能物流等。

对经济形式和经济发展模式转变的推动，也是科学技术推动经济发展的表现。当前，随着互联网、物联网、大数据、人工智能等信息通信技术在当代经济发展中的重要作用，以不同技术为特点命名的经济形式层出不穷，如网络经济、信息经济、数字经济、算法经济等。显然，这是科学技术推动经济形式变迁的很好佐证。对此，马克思其实早有论述。“在这个时代里，不单是科学的农业，而且还有那些新发明的农业机械，日益使小规模的经营变成一种过时的、不再有生命力的经营方式。正如机械的纺织业排斥了手纺车与手织机一样，这种新式的农业生产方法，一定会无法挽救地摧毁农村的小土地经济，而代之以大土地所有制。”[②] 关于科学技术推动经济发展模式转变，我国近年提出的新发展理念便是很好的例子。习近平总书记指出：“面向未来，中国将把生态文明建设作为‘十三五’规划重要内容，落实创新、协调、绿色、开放、共享的发展理念，通过科技创新和体制机制创新，实施优化结构、构建低碳能源体系、发展绿色建筑和低碳交通、建立全国碳排放交易市场等一系列政策措施，形成人和自然和谐发展现代化建设新格局。”[③] 不可否认，新发展理念的提出一定程度上是由于科学技术的过度发展引发了环境危机，但也可以看出，正是科学技术的快速发展和促进，才使新发展理念得以提出且被践行。

推动管理创新，是科学技术的又一社会功能。科学技术对管理创新的推动有直接推动和间接推动之分。直接推动指科学技术可以直接带来

---

① 《马克思恩格斯全集》第44卷，人民出版社2001年版，第858页。

② 《马克思恩格斯全集》第25卷，人民出版社2001年版，第583页。

③ 中共中央文献研究室编：《习近平关于社会主义生态文明建设论述摘编》，人民出版社2001年版，第31页。

新的管理方式或管理模式的出现，如大数据技术的发展导致了大数据管理的出现。间接推动指科学技术并不能引进新的管理模式和方式，但由于科学技术的发展带来了其他方面的变化导致管理方式的创新和变革，如科学技术的快速发展使得企业规模逐渐变大，组织规模的变大进而需要新的管理组织和模式，最终促进了管理模式的创新。在马克思生活的时代，科学技术对于管理创新的推动主要体现为间接推动。因为那时的科学技术虽然已经得到了一定的发展，但将科学方法、技术工具直接应用于管理的情况并不多见。所以，对于科学技术与管理的关系，马克思主要强调了科学技术的发展致使管理变成必需，而这也就间接推动了管理的创新和发展。如对标准化管理问题，马克思认为："自动工厂的主要困难在于建立必要的纪律，以便使人们抛弃无规则的劳动习惯，使他们和大自动机的始终如一的规则性协调一致。"① 而对管理制度建设问题，马克思则指出："发达的、同资本主义基础上的机器体系相适应的劳动组织，就是工厂制度，这种制度甚至在现代的大农业中——由于这一生产领域的特点而或多或少发生一些变形——也占统治地位。"②

20世纪初，科学原理、技术方法开始被直接应用于管理实践中，典型如泰勒的科学管理，科学技术开始直接推动管理的创新和发展。尽管当时泰勒科学管理的科学性备受质疑，如他所谓的推动了工业实践的科学方法仅仅是基于他自己的工作。③ 但是，这一批评并未影响泰勒科学管理理论的扩散及其在管理思想史中的地位。受泰勒影响，人们开始寻求更为"科学"的方法来进行管理。20世纪50年代，在物理学、统计学、运筹学等学科的快速发展下，科学方法开始被运用于管理领域。而此时，科学管理不再自称为科学管理，而更名为管理科学。对此，尼尔·A. 雷恩等人指出："现代的管理科学从科学管理开始发生了转变，与其说它是探索管理的科学，不如说它是努力在管理中使用科学。"④ 在

---

① 《马克思恩格斯全集》第44卷，人民出版社2001年版，第488页。

②《马克思恩格斯文集》第8卷，人民出版社2009年版，第313页。

③ Richard G. Olson, *Scientism and Technocracy in the Twentieth Century*: *The Legacy of Scientific Management*, Lanham: Lexington Books, 2016, p. 6.

④ ［美］丹尼尔·A. 雷恩、阿瑟·G. 贝德安：《管理思想史》，孙健敏等译，中国人民大学出版社2017年版，第361页。

管理逐渐科学化的同时，管理也在逐渐技术化。随着信息通信技术的快速发展及其在管理领域的广泛应用，信息通信技术已成为管理研究和实践的重要工具，如当前企业普遍使用的信息管理系统、专家决策系统等，管理科学逐渐转变为技术（化）管理，当前较具代表性的如网络化管（治）理、信息化管（治）理、大数据管（治）理、智能管（治）理等。目前，我国对于智慧社会、数字政府等都可以看作科学技术推动管理创新的例子。

综上所述，在马克思主义的视域中，科学技术具有重要的社会功能，如推动社会变迁、经济发展、管理创新等。但是，不能因此就认为马克思就是一个技术决定论者。对此，可以根据恩格斯对马克思是不是一个经济决定论者的回答得到佐证。恩格斯指出："根据唯物史观，历史过程中的决定性因素归根到底是现实生活的生产和再生产。无论马克思或我都从来没有肯定过比这更多的东西。如果有人在这里加以歪曲，说经济因素是唯一决定性的因素，那么他就是把这个命题变成毫无内容的、抽象的、荒诞无稽的空话。"① 依此类推，将马克思视作一个技术决定论者显然就是一种误读。"总之，辩证法是马克思主义活的灵魂，承认技术与社会之间的相互作用、滚动递进，是马克思技术思想的立足点。因此，马克思的技术决定论绝不是单向的一元决定论，也不是考茨基等人所理解的历史'宿命论'，而是技术与社会之间的'互动论'或弱技术决定论。"②

二　科学技术与人的自由解放

除了强调科学技术具有推动社会进步的功能之外，马克思主义还强调科学技术具有促进人的自由解放的功能。"从青年时代起，马克思就确立了为人类幸福而奋斗的崇高理想，他的社会目标就是实现无产阶级和全人类的解放，最终建立共产主义社会。在马克思、恩格斯看来，科

① 《马克思恩格斯选集》第4卷，人民出版社2012年版，第604页。

② 王伯鲁：《马克思技术决定论探析》，《自然辩证法通讯》2017年第5期。

学技术是人类谋求发展、获取自由的基本路径，科学技术进步则是人类解放的强大推动力。马克思主义的归宿就在于，追求人类自由与社会进步，谋求人类解放，最终实现由必然王国向自由王国的跃进。"[①] 由于"自由"与"解放"两个概念在一定程度上可以同时或同等使用，如王伯鲁所言："'解放'就是摆脱束缚，获得自由与进步的过程。'解放'与'自由'是同等程度的概念，而自由又总是相对于束缚而言的。所谓人类解放，就是将人类从束缚自身的各种枷锁中解脱出来，就是人类自由与幸福程度的不断增加。"[②] 因此，在下文中，对于自由与解放不作明确区分，有时将两者放在一起使用，有时将两者分开使用。

马克思之所以强调科学技术是人类实现自由解放的重要途径，这与他对自由的理解有密切联系。"马克思一贯主张，自由问题是伴随人类的出现而产生的，自由是属人的东西。只有具有主体意识并从事实践活动的人，才是自由的真正主体。马克思断言自由的主体是现实的人，处于一定社会历史条件下的具有社会历史性的人，从事改造世界活动的创造性实践的人。"[③] 不难看出，按照马克思的观点，"实践"是人的自由的一个重要属性，通过实践人可以逐渐成为自由的人。科学技术作为人类实践的重要活动或者工具，显然可以参与到自由实现的过程中。如马克思所言："自然科学却通过工业日益在实践上进入人的生活，改造人的生活，并为人的解放作准备，尽管它不得不直接地使非人化充分发展。"[④] 由于主张科学技术是人类获得自由解放的重要工具，因而马克思在看到科学技术对于人类实现自由解放的重要性时，也看到了科学技术对于人类实现自由解放的限制。马克思指出："人们每次都不是在他们关于人的理想所决定和所容许的范围之内，而是在现有的生产力所决定和所容许的范围之内取得自由的。"[⑤] 总而言之，在马克思看来，科学技术既是人类实现自由解放的重要途径，而科学技术的发展水平同时也决

① 刘大椿等：《审度：马克思科学技术观与当代科学技术论研究》，中国人民大学出版社2017年版，第106页。

② 王伯鲁：《马克思技术思想纲要》，科学出版社2009年版，第304页。

③ 刘大椿等：《审度：马克思科学技术观与当代科学技术论研究》，中国人民大学出版社2017年版，第199页。

④ 《马克思恩格斯文集》第1卷，人民出版社2009年版，第193页。

⑤ 《马克思恩格斯全集》第3卷，人民出版社1960年版，第507页。

定了人类实现自由解放的程度。

关于科学技术对于实现人的自由解放的推动作用，首先体现在科学技术活动本身就是人类获得自由解放的一种方式。马克思一直将技术性作为人的基本属性之一，通过这种技术性，人的本性得到更好的展现和诠释。如王伯鲁所言："马克思对人性问题的探索是沿着简化还原思路回溯的：人的本质根源于人的社会性，人的社会性又源于物质生产活动，而物质生产活动总是在一定的技术基础上展开的。这就是说，技术性是人的根本属性，人的本质和力量应该在劳动、生产、工业及其历史演变中得到诠释。"① 基于马克思关于人的技术性的观点可知，人在发明、创造技术的过程本质上也是人类自由解放的过程，因为在这个过程中人的本质得到了诠释，使人更好地认识自己。关于科学活动与人的自由解放的关系，马克思表达了与技术活动类似的观点。如刘大椿所言："回顾马克思的科学之旅，人们发现，马克思的科学之旅实际上是自由之旅。在科学活动中，马克思追求自由，体验自由，享受自由。"② 马克思关于科学技术活动本身是人类实现自由解放的观点，显然是将科学文化当作一种文化来看待，这与当代社会兴起的关于科学技术的文化研究的观点有共通之处。科学技术的文化研究主要从文化视角来研究科学技术，抑或说将科学技术视作一种文化现象。据此，如果从科学技术文化研究的观点来看，或许能更好理解马克思将科学技术活动本身视作人类实现自由解放的一种路径的本质意蕴。

科学技术作为第一生产力，它能为人类提供丰富的物质财富，这可以为人类实现自由解放奠定坚实的物质基础。人类的生存，首先需要满足的是物质生活，在此基础上才会进一步对精神生活有所要求。如马克思所言："人们首先必须吃、喝、住、穿，然后才能从事政治、科学、艺术、宗教等等。"③ 因而，为了人类的自由解放，显然首先需要具备丰裕的物质基础。根据上述分析可知，科学技术是第一生产力并极大推动了经济的发展。如此，在马克思看来，通过为人类提供充足的物质基础，科学技术就很好推动了人类自由解放的实现。技术专家制也表达了

① 王伯鲁：《马克思技术与人性思想解读》，《自然辩证法研究》2009 年第 2 期。

② 刘大椿：《马克思科技审度的三个焦点》，《天津社会科学》2018 年第 1 期。

③ 《马克思恩格斯全集》第 25 卷，人民出版社 2001 年版，第 594 页。

与马克思类似的观点，罗伯便是其中的主要代表之一。罗伯是美国“技术专家制运动”的三大领袖之一，在他看来，技术专家制是实现物质丰裕和人类自由的方法，而非目的。通过技术专家制，人们在满足物质需求之后，就可以自由追求自己的精神理想，如艺术、宗教等。① 对于罗伯的技术专家制思想，阿金（William E. Akin）曾评价道，罗伯将技术专家制当作人类走向丰裕和自由的途径，他否定了斯科特将技术专家制视为对人类进行科学控制的观点，他认为斯科特并不关注最终的社会目标。② 需要承认，通过提供物质基础来促进人类实现自由解放，科学技术在此发挥的作用比较间接，但不能因此就否定科学技术以此种方式来推动人类实现自由解放的作用。

促进政治解放的实现，是科学技术促进人类自由解放的一个重要方面。科学技术虽然是有价值负载的，但它本身也具有工具属性。因此，科学技术本身发挥的是积极作用还是消极作用，与科学技术的使用者密切相关。而具体到政治领域，科学技术本身也就既可以为统治者服务，同时也可以为被统治者服务。如王伯鲁所言：“在社会生活中，由于不同社会阶层、集团的利益和意志之间的矛盾，人们在通过技术途径实现各自目的的过程中往往会爆发激烈的冲突。处于经济竞争、政治斗争、军事冲突等利益争夺之中的不同集团，总是以先进技术与对方抗衡，以谋求有利的斗争态势和结局。”③ 基于科学技术具有的这些特点，马克思尽管一再批判资产阶级利用科学技术来统治和剥削无产阶级，但同时也看到了科学技术可以成为无产阶级推翻资产阶级获得政治解放的重要工具。如在批判费尔巴哈关于人类解放的观点时，马克思指出，“只有在现实的世界中并使用现实的手段才能实现真正的解放；没有蒸汽机和珍妮走锭精纺机就不能消灭奴隶制；没有改良的农业就不能消灭农奴制”④。又如在分析资产阶级动员工人阶级一同参与到反封建

① ［美］哈罗德·罗伯：《技术统治》，蒋铎译，上海社会科学院出版社 2016 年版，第 56 页。

② William E. Akin, *Technocracy and the American Dream: The Technocracy Movement*, 1900 - 1941, Berkeley: University of California Press, 1977, p. 116.

③ 王伯鲁：《〈资本论〉及其手稿技术思想研究》，西南交通大学出版社 2016 年版，第 316 页。

④ 《马克思恩格斯选集》第 1 卷，人民出版社 2012 年版，第 154 页。

主义的革命时，马克思则指出："资产阶级用来推翻封建制度的武器，现在却对准资产阶级自己了。但是，资产阶级不仅锻造了置自身于死地的武器；它还产生了将要运用这种武器的人——现代的工人，即无产者。"①

科学技术可以为人们提供认识自然规律、社会规律的有效方法，这也能够促进人类自由解放的实现。人类作为自然界的一员，如若对于所面对的外部世界一无所知的话，我们很难说我们自己是自由的，因为我们将受制于外部世界。如恩格斯所言："自由不在于幻想中摆脱自然规律而独立，而在于认识这些规律，从而能够有计划地使自然规律为一定的目的服务。……自由就在于根据对自然界的必然性的认识来支配我们自己和外部自然；因此它必然是历史发展的产物。最初的、从动物界分离出来的人，在一切本质方面是和动物本身一样不自由的；但是文化上的每一个进步，都是迈向自由的一步。"② 对此，列宁也作了精彩论述。在列宁看来，"当我们不知道自然规律的时候，自然规律是在我们的认识之外独立地存在着并起着作用，使我们成为'盲目的必然性'的奴隶。一经我们认识了这种不依赖于我们的意志和我们的意识而起着作用的（如马克思千百次反复说过的那样）规律，我们就成为自然界的主人"③。如此，对自然界或自然规律的认识是人类实现自由解放的基础。而科学技术的出现和发展的主要目的便是认识自然界和改造自然界，这样，科学技术显然就是人类实现自由解放的主要方式。据此，随着科学技术的不断发展与进步，人类对于自然界的认识将愈加深入，人类的自由解放程度也就越高。

与可以推动人类认识自然界一样，科学技术也可以推动人类对社会规律的认识，这也能进一步促进人的自由解放。在马克思的一生中，他非常重视自然科学理论及其研究进展。但马克思学习的目的并非成为一名自然科学家，而是希望通过学习和了解自然科学的理论和方法来推动他自己的研究，如经济学。因为"自然科学是真正的科学……科学是经验的科学，科学就在于把理性方法运用于感性材料。归纳、分析、比

① 《马克思恩格斯选集》第1卷，人民出版社2012年版，第406页。

② 《马克思恩格斯选集》第3卷，人民出版社2012年版，第491—492页。

③ 《列宁选集》第2卷，人民出版社2012年版，第152—153页。

较、观察和实验是理性方法的主要条件”①。而在所有的科学方法中，马克思对数学方法尤为偏爱，他尽可能地在自己的研究中运用数学方法。在马克思看来，“当利润和剩余价值在数量上被看作相等时，利润的大小和利润率的大小，就由在每个场合已定或可定的单纯数量的关系来决定。因此，首先要在纯粹数学的范围内进行研究”②。基于对科学方法的应用，马克思发现了社会经济发展的规律，这使他和人类在经济规律面前实现了解放。如刘大椿所言：“正是由于有这些丰厚的知识积累与科学研究实践活动的支持，才使《资本论》经受住了历史的考验，成为不朽之作。”③

人的自由解放除了需要物质支撑、政治解放、知识储备之外，还需要有充分的自由时间。科学技术可以通过为人类提供更多的自由时间，来促进人类实现自由解放。自由时间是指人们可以自主决定如何进行分配使用的时间，这些时间主要用来从事社交、艺术、学术研究等非物质活动。当一个人的大部分时间都在从事物质性活动时，他也就没有充足的自由时间来进行非物质活动或精神活动。而精神活动是人类实现自由解放的重要内容，如此，缺乏自由时间的人的自由解放程度也就相对较低。对此，马克思有过论述：“时间是人类发展的空间。一个人如果没有自己处置的自由时间，一生中除睡眠饮食等纯生理上必需的间断以外，都是替资本家服务，那么，他就还不如一头载重的牲畜。”④ 显然，按照马克思的观点，人类追求或实现自由解放的过程，其实质是增加自己自由时间的过程。因此，为了实现自由解放，人们需要减少或节约劳动时间，当“社会为生产小麦、牲畜等等所需要的时间越少，它所赢得的从事其他生产，物质的或精神的生产的时间就越多”⑤。在经历几次科技革命之后，人类的生产力得到快速发展，这极大满足了人们对于物质生活的需求，同时也为人类提供了更多的自由时间，进而推动了人类自由解放的实现。

---

① 《马克思恩格斯文集》第 1 卷，人民出版社 2009 年版，第 331 页。

② 《马克思恩格斯全集》第 46 卷，人民出版社 2003 年版，第 58 页。

③ 刘大椿：《马克思的科技审度及其意义》，《教学与研究》2018 年第 4 期。

④ 《马克思恩格斯全集》第 21 卷，人民出版社 2003 年版，第 204 页。

⑤ 《马克思恩格斯全集》第 30 卷，人民出版社 1995 年版，第 123 页。

在当代社会，科学技术在为人类提供充裕的自由时间的同时，还可以让人类远离乏味的工作，这也促进了人类自由解放的实现。在上文的分析中，可以看到科学技术通过为人类提供充裕的自由时间来促进人的自由解放。但这并不是说人类可以不用从事任何物质性活动或者工作了，最基本的工作仍然是必须的，只有这样人类才能有基本的经济来源。如此，通过科学技术的推动，人类虽然逃离了体力繁重、时间过长的工作，但也迎来了非常乏味和重复性极高的工作。如马克思所言："这种强度通过协作，特别是通过分工，更多的是由于机器而更加提高了，在使用机器的情况下，单个人的连续不断的活动是同统一整体的活动联系在一起并受这一活动制约的，单个人只是整体的一个环节，这个整体如在机械工厂中那样，是以死的自然力即某种铁的机构的有节奏而均匀的速度和不知疲倦的动作而工作着。"① 随着互联网、物联网、大数据、人工智能等智能技术的快速发展，整个社会的智能化水平在逐步提高，这使得很多常规化、标准化、程序化等工作开始被智能技术代替，如政务服务。目前，在政务服务工作领域，可以"由人工智能技术接手简单的常规工作，释放人力以从事更有价值的工作"；也可以"由技术取代人工，完成一整套具有一定复杂性、以前由人类才能承担的工作"。② 这样，通过科学技术的发展与推动，人类就可以逐渐逃离乏味、重复性的工作而去从事更多有创造性的工作，进而促进人类自由解放的实现。

综上所述，科学技术通过诸多不同方式很好促进了人类自由解放的实现。然而，科学技术作为一把双刃剑，它在社会中发挥的功能既有正面的一面，也有负面的一面。因此，下面将对科学技术的异化问题进行系统分析，以全面理解和认识科学技术的社会功能。

三 科学技术与异化

科学技术异化或技术异化（在本书中，"科学技术异化"与"技术

① 《马克思恩格斯文集》第8卷，人民出版社2009年版，第320页。

② 陈涛、冉龙亚、明承瀚：《政务服务的人工智能应用研究》，《电子政务》2018年第3期。

异化”并无本质区别）是科学技术哲学的一个重要问题，马克思主义科学技术异化思想是科学技术异化问题的重要代表。“异化”一词源于拉丁文 aliennatio，意思为转让、出卖等。在哲学史上，有多位哲学家对异化概念进行过阐述，如卢梭、霍布斯、黑格尔、费尔巴哈，因而对于异化的内涵并无统一的界定。“从主旨上说，‘异化’在马克思这里用来描述这样一种非常荒谬又无奈的困境：人创造出某物，某物却反过来与人对抗，甚至压迫、奴役人。”① 虽然马克思具有丰富而深刻的科学技术异化或技术异化思想，但具体而言，马克思并没有明确提出或者说直接论述过技术异化问题，他的技术异化思想主要是在阐述异化劳动思想时涉及或者内含于异化劳动的论述中。因为“在广义技术视野中，技术异化也是导致异化劳动的根源之一，技术异化的范围远比异化劳动的范围宽广，也更难于根除。异化劳动与技术异化的表现是共同的，劳动者同劳动产品和劳动过程相异化，其实也就是同技术相异化”②。马克思之后，法兰克福学派是马克思主义科学技术异化思想的主要代表，他们很好地推进和发展了马克思的科学技术异化思想。

科学技术异化的主要原因是科学技术的资本主义应用。如上所述，可以非常清楚地看到马克思自己对于科学技术在社会发展中的功能是持肯定态度的。之所以转向对科学技术异化的分析，主要原因在于马克思看到了科学技术的资本主义应用所带来的诸多问题。马克思指出：“从资本的观点看来，不是社会活动的一个要素（物化劳动）成为另一个要素（主体的、活的劳动）的越来越庞大的躯体，而是（这对雇佣劳动是重要的）劳动的客观条件对活劳动具有越来越巨大的独立性（这种独立性就通过这些客观条件的规模而表现出来），而社会财富的越来越巨大的部分作为异己的和统治的权力同劳动相对立。关键不在于对象化，而在于异化，外化，外在化，在于不归工人所有，而归人格化的生产条件即资本所有，归巨大的对象［化］的权力所有，这种对象［化］的权力把社会劳动本身当作自身的一个要素而置于同自己相对立

① 刘大椿等：《审度：马克思科学技术观与当代科学技术论研究》，中国人民大学出版社2017年版，第153页。

② 王伯鲁：《〈资本论〉及其手稿技术思想研究》，西南交通大学出版社2016年版，第311页。

的地位。”① 资本的统治力量在科学技术的推动下得到进一步扩大，这也就致使异化劳动的程度越来越高。如上文已经提到的，异化劳动与科学技术异化密切相连。因而，异化劳动的恶化也就导致科学技术异化现象的出现，并在资本的裹挟作用下不断加剧。据此，马克思得出结论，即“同机器的资本主义应用不可分离的矛盾和对抗是不存在的，因为这些矛盾和对抗不是从机器本身产生的，而是从机器的资本主义应用产生的”②。

随着科学技术的发展，机器技术的自动化水平逐渐提高，劳动者与机器技术的关系逐渐发生变化，这是科学技术异化的一大表现。其一，劳动者逐渐由机器技术的主人或使用者转变为机器技术的附属品。马克思指出：“在资本主义制度内部，一切提高社会劳动生产力的方法都是靠牺牲工人个人来实现的；一切发展生产的手段都转变为统治和剥削生产者的手段，都使工人畸形发展，成为局部的人，把工人贬低为机器的附属品，使工人受劳动的折磨，从而使劳动失去内容。”③ 其二，机器技术进一步扩大了资本家对劳动者的剥削，如延长工作时间、增加劳动强度等。在马克思看来：“资本主义生产——实质上就是剩余价值的生产，就是剩余劳动的吮吸——通过延长工作日，不仅使人的劳动力由于被夺去了道德上和身体上正常的发展和活动的条件而处于萎缩状态，而且使劳动力本身未老先衰和过早死亡。它靠缩短工人的寿命，在一定期限内延长工人的生产时间。”④ 其三，科学技术的发展还将逐渐夺走劳动者的工作机会。一方面，科学技术的发展会使机器技术的自动化水平提高，机器技术将逐渐代替人类来进行一些具体标准化、程序化等特征的工作，这将大大减少对工人的需求；另一方面，科学技术的发展会使得很多工作的专业化程度提高，这也会使得低学历的劳动者就业机会越来越少。

科学技术异化并非仅仅表现在对劳动者的异化上，资产阶级本身也面临着科学技术的异化，也就是说，科学技术异化并非仅仅是影响无产

① 《马克思恩格斯全集》第31卷，人民出版社1998年版，第243—244页。
② 《马克思恩格斯全集》第44卷，人民出版社2001年版，第508页。
③ 《马克思恩格斯全集》第44卷，人民出版社2001年版，第743页。
④ 《马克思恩格斯全集》第44卷，人民出版社2001年版，第307页。

阶级，而是整个人类都面临着被科学技术异化影响。马克思认为：“不仅是工人，而且直接或间接剥削工人的阶级，也都因分工而被自己用来从事活动的工具所奴役；精神空虚的资产者为他自己的资本和利润欲所奴役；法学家为他的僵化的法律观念所奴役，这种观念作为独立的力量支配着他；一切‘有教养的等级’都为各式各样的地方局限性和片面性所奴役，为他们自己的肉体上和精神上的短视所奴役，为他们的由于接受专门教育和终身从事一个专业而造成的畸形发展所奴役。”① 不难看出，在这里马克思主要是从社会技术的视域来分析技术异化，他将法律也视为一种技术。但是，马克思的这一观点显然对于自然技术也同样适用，如智能手机的发展对于人类的异化或影响并不会受所处阶级的影响。据此观点，马克思的观点似乎具有一定程度的技术自主性倾向，即认为技术具有自己独立的发展逻辑，人类在技术面前并无自主性可言。对此，温纳指出：“人们不能过分地将自主性技术理论归于卡尔·马克思名下。尽管他提出了关于失控技术的相当成熟的观点，但在其著作的整体背景中，这仅是一个更庞大论证中的插曲。”② 换言之，马克思看到了技术反过来统治、奴役人类的这种危机，但他并不认为人类对此毫无办法。

据上所述，可以清楚看到科学技术异化对人的身心带来了巨大的负面影响。其一，对肉体的伤害。科学技术异化给人类带来的肉体伤害是多方面的，如劳动强度增加、劳动时间延长等。如马克思所言：“由此产生了现代工业史上一种值得注意的现象，即机器消灭了工作日的一切道德界限和自然界限。由此产生了经济学上的悖论，即缩短劳动时间的最有力的手段，竟变为把工人及其家属的全部生活时间转化为受资本支配的增殖资本价值的劳动时间的最可靠的手段。”③ 其二，对思想的奴役。科学技术异化还体现在对人的思想的奴役上，这主要源于在科学技术的推动下工作的分工越来越精细，这导致每个人的知识面越来越窄，进而将自己的思想限制在某一个非常小的领域。对此，马克思指出：“现代社会内部分工的特点，在于它产生了特长和专业，同时也产生职业的痴呆。……现在每一个人都在为自己筑起一道藩篱，把自己束

---

① 《马克思恩格斯文集》第9卷，人民出版社2009年版，第309页。

② ［美］兰登·温纳：《自主性技术》，杨海燕译，北京大学出版社2014年版，第33页。

③ 《马克思恩格斯全集》第44卷，人民出版社2001年版，第469页。

缚在里面。我不知道这样分割之后活动领域是否会扩大，但是我却清楚地知道，这样一来，人是缩小了。”① 其三，对道德的败坏。在马克思看来，科学技术的发展会致使人们过于追求效率而忽略道德问题，这是科学技术异化对人的身心影响的另一表现。马克思指出：“技术的胜利，似乎是以道德的败坏为代价换来的。随着人类愈益控制自然，个人却似乎愈益成为别人的奴隶或自身的卑劣行为的奴隶。”②

就社会层面而言，科学技术异化还表现为专制的社会管理制度。科学技术的快速发展及其在社会中的广泛成功应用，人们有了将科学技术应用于国家管理、社会治理的想法，典型如泰勒的科学管理革命、美国的技术专家制运动等。不可否认，通过引进科学技术确实可以很大程度提高管理效率，然而，这也会造成社会制度的专制化和极权化。如马尔库塞所言：“当代工业社会，由于其组织技术基础的方式，势必成为极权主义。因为，‘极权主义’不仅是社会地一种恐怖的政治协作，而且也是一种非恐怖的经济技术协作，后者是通过既得利益者对各种需要地操纵发生作用地。”③ 而以科学技术为基础建立起来的极权主义主要是为资产阶级服务的，这就使得科学技术间接促进了资产阶级对无产阶级的剥削和压迫。对此，马克思指出：“挤在工厂里的工人群众就像士兵一样被组织起来。他们是产业军的普通士兵，受着各级军士和军官的层层监视。他们不仅仅是资产阶级的、资产阶级国家的奴隶，他们每日每时都受机器、受监工、首先是受各个经营工厂的资产者本人的奴役。这种专制制度越是公开地把营利宣布为自己的最终目的，它就越是可鄙、可恨和可恶。”④

科学技术的发展还会带来诸多自然环境问题，这也是科学技术异化的主要恶果之一。在发展之初，科学技术很好推动了人类对自然的认识以及提高了人类改造自然和利用自然的能力。然而，随着科学技术在认识自然、改造自然、提高生产力等方面优势愈加凸显，科学技术资本化

① 《马克思恩格斯选集》第1卷，人民出版社2012年版，第249页。

② 《马克思恩格斯选集》第1卷，人民出版社2012年版，第776页。

③ ［美］赫伯特·马尔库塞：《单向度的人》，刘继译，上海译文出版社2014年版，第5页。

④ 《马克思恩格斯选集》第1卷，人民出版社2012年版，第407页。

的程度也愈加严重。在资本主义的推动下，科学技术发展对于自然的负面影响逐渐显现出来。马克思以农业技术的发展为例对此进行了分析，他指出："资本主义农业的任何进步，都不仅是掠夺劳动者的技巧的进步，而且是掠夺土地的技巧的进步，在一定时期内提高土地肥力的任何进步，同时也是破坏土地肥力持久源泉的进步。因此，资本主义生产发展了社会生产过程的技术和结合，只是由于它同时破坏了一切财富的源泉——土地和工人。"① 而随着科学技术资本主义应用的发展，整个自然界都将受到严重污染和影响。如"光、空气等等，甚至动物的最简单的爱清洁，都不再是人的需要了。肮脏，人的这种堕落、腐化，文明的阴沟（就这个词的本意而言），成了工人的生活要素。完全违反自然的荒芜，日益腐败的自然界，成了他的生活要素。他的任何一种感觉不仅不再以人的方式存在，而且不再以非人的方式因而甚至不再以动物的方式存在"②。目前，世界各国，特别是中国正在大力进行生态文明建设，这是对科学技术异化带来的诸多自然环境问题的积极回应。

除了在人的身心、社会制度、自然环境等方面会带来负面影响之外，科学技术的强势发展还会导致文化的异化。"近代以来，随着科学的迅猛发展，思想革命和产业革命催生的科学文化日益壮大。但是，人们无奈地发现，作为工业文明主导的科学文化在前进的征途中往往与其初衷相背离，产生了所谓的文化迷失与人文缺失等异化现象。"③ 具体而言，科学技术引起的文化异化主要有两方面的体现。一方面，工具理性思维方式的膨胀。受科学技术发展的影响，人类的思维模式有科学技术化或工具理性化的趋势。"马克思认为，在工具理性主义的主导下，技术进步与生产力的发展，并没有使人得到更加合理的、自由的全面发展，相反却加强了人的奴役，人也越来越演变为物的奴隶。社会中充斥着商品拜物教和货币拜物教。"④ 另一方面，文化的单向度。科学技术本身作为一种文化现象，它在人类文化的发展中具有重要价值，极大丰富

① 《马克思恩格斯全集》第44卷，人民出版社2001年版，第579页。

② 《马克思恩格斯全集》第3卷，人民出版社2002年版，第341页。

③ 刘大椿：《科学文化与文化科学》，《自然辩证法通讯》2012年第6期。

④ 王伯鲁：《〈资本论〉及其手稿技术思想研究》，西南交通大学出版社2016年版，第321页。

了人类文化的内涵。然而，在资本主义的助力下科学技术文化逐渐成为人类文化的核心内容，其他形式的文化渐渐衰落或消失，人类文化单向度的现象愈发明显。对此，马克思用发问的方式表达了他对这一现象的担忧："成为希腊人的幻想的基础、从而成为希腊［艺术］的基础的那种对自然的观点和对社会关系的观点，能够同走锭精纺机、铁道、机车和电报并存吗？……阿基里斯……能够同活字盘甚至印刷机并存吗？随着印刷机的出现，歌谣、传说和诗神缪斯岂不是必然要绝迹，因而史诗的必要条件岂不是要消失吗？"①

法兰克福学派很好地继承和发展了马克思关于科学技术所引起的异化思想。马尔库塞认为："技术的进步扩展到整个统治和协调制度，创造出种种生活（和权力）形式，这些生活形式似乎调和着反对这一制度的各种势力，并击败和拒斥以摆脱劳役和统治、获得自由的历史前景的名义的所有抗议。"② 以此为基础，马尔库塞详细分析了科学技术所引起的政治单向度、文化单向度、思想单向度、话语单向度、社会单向度等问题。与马尔库塞从整体上来分析科学技术所带来的异化问题不同，哈贝马斯则主要聚焦于科学技术作为意识形态的问题。在哈贝马斯看来，在当代社会，科学技术已经成为意识形态。"一方面，技术统治的意识同以往的一切意识形态相比较，'意识形态性较好'，因为它没有那种看不见的迷惑人的力量，而那种迷惑人的力量使人得到的利益只能是假的。另一方面，当今的那种占主导地位的，并把科学变成偶像，因而变得更加脆弱的隐形意识形态，比之旧式的意识形态更加抗拒，范围更为广泛，因为它在掩盖实践问题的同时，不仅为既定阶级的局部统治利益作辩解，并且站在另一个阶级一边，压制局部的解放的需求，而且损害人类要求解放的利益要求。"③ 按照哈贝马斯的观点，科学技术已然成为一种压制人类解放的因素。不过需要注意的是，虽然马尔库塞和哈贝马斯很好继承和发展了马克思的科学技术异化观点，但他们的观点主要聚焦于对科学技术本身带来的异化问题，而没有将科学技术异化问题与资

① 《马克思恩格斯全集》第 30 卷，人民出版社 1995 年版，第 52 页。

② ［美］赫伯特·马尔库塞：《单向度的人》，刘继译，上海译文出版社 2014 年版，第 3 页。

③ ［德］尤尔根·哈贝马斯：《作为"意识形态"的技术与科学》，李黎、郭官义译，学林出版社 1999 年版，第 69 页。

本主义联系起来分析。

综上所述，科学技术的社会功能既具有正面的一面，如科学技术推动社会进步、促进人类自由解放的实现，也具有负面的一面，如导致科学技术异化等问题。因而，对于科学技术的社会功能应该进行辩证审视，不能只看到某一方面的功能便对它大加肯定或否定。如此，才能充分发挥科学技术在当前社会运行与发展中的作用。

问题探究

1. 马克思主义关于科学技术的社会功能思想对当代中国有何启示？
2. 如何克服科学技术异化问题？

延伸阅读

1. 刘大椿等：《审度：马克思科学技术观与当代科学技术论研究》，中国人民大学出版社 2017 年版。
2. 王伯鲁：《马克思技术思想纲要》，科学出版社 2009 年版。
3. ［美］赫伯特·马尔库塞：《单向度的人》，刘继译，上海译文出版社 2014 年版。
4. ［德］尤尔根·哈贝马斯：《作为“意识形态”的技术与科学》，李黎、郭官义译，学林出版社 1999 年版。
5. ［美］丹尼尔·贝尔：《后工业社会的来临——对社会预测的一项探索》，高铦等译，新华出版社 1997 年版。

专题八

科学技术的社会建制

本专题的选题背景及意义

在“科学技术的社会建制”这一专题，我们主要了解科学技术的社会建制这一过程，即科学技术是怎样从单个人的兴趣爱好（即“小科学”）转变为一种重要的社会建制（即“大科学”）的。主要问题包括：“大科学”有哪些特点，以及在从“小科学”转变为“大科学”的过程中，形成了哪些社会组织，哪些社会规范等。

为了规范和约束现代科学技术活动的从业人员，20世纪30—40年代，美国社会学家默顿提出了广为人知的“科学的精神特质”，即普遍主义、公有性、非谋利性（或无私利性）与有条理的怀疑。最近一些年，科学技术发展迅速，科研经费也是水涨船高，增速迅猛。然而，学术不端现象也随之经常发生，成为学术界乃至人民大众关注的焦点。在这一背景之下，八十多年前默顿提出的四项“科学的精神特质”还仍然适用吗？或者说哪些适用，哪些不适用了呢？诸如此类的问题，值得我们深入思考。

现代科技，既表现为一种对自然真理孜孜以求的探索，也表现为一种影响甚为广泛的社会活动。从哥白尼、第谷、伽利略、开普勒等早期科学家的个体性探索，到“曼哈顿计划”“两弹一星计划”等现代科技的组织化发展，科学技术从“小科学”时代逐渐发展到了“大科学”时代。在这一转变过程当中，科学研究群体逐渐自发地形成了一定的社会组织，约定了一定的科学规范。

近年来，科学技术发展迅速，科研经费也是水涨船高，增速迅猛。然而，在这一背景之下，学术不端现象时有发生，成为学术界乃至人民大众关注的焦点。在这一专题中，我们将要了解科学技术的社会建制化这一过程，以及科学研究基本规范的建构。

一　小科学与大科学

1962 年 6 月 19—29 日，英国生物学家、科学史家普赖斯（Derek J. de Solla Price）在美国纽约布鲁克海文国家实验室①做了四次“培格莱姆演讲”②，之后将这四次演讲整理成为《小科学，大科学》并出版。

在演讲中，他借用了美国核物理学家温伯格（Alvin M. Weinberg）在“大科学对美国的影响”一文中所使用的“大科学”（Big Science）③概念，来区分第二次世界大战以前的“小科学”（Little Science）。温伯格在文中，提出 20 世纪是一个大科学的时代，然而，大科学也带来了许多哲学上和实践上的困难，并着重讨论了三个问题。在第一次演讲“科学学序幕”中，普赖斯认为当今（20 世纪 60 年代）的科学已经与以往的科学不可同日而语了。

> 由于当今的科学大大超过了以往的水平，我们显然已经进入了

---

① 布鲁克海文国家实验室（Brookhaven National Laboratory，简称 BNL）位于纽约长岛萨福尔克县（Suffolk County）中部，原场地为第一、二次世界大战时的美国陆军厄普顿兵营。第二次世界大战期间，该兵营曾改建为新兵征召入伍中心，后被陆军用作回国伤兵康复医院。BNL 由美国石溪大学（Stony Brook University）和巴特尔纪念研究所（Battelle Memorial Institute）共同管理。其主要研究领域包括：核技术、高能物理、环境和生命科学、纳米科学和国家安全等，曾取得了多项令世界瞩目的重大成果，并诞生了 7 个诺贝尔奖。BNL 已成为世界著名的大型综合性科学研究基地。参见网址：https://www. bnl. gov/world/。

② “培格莱姆演讲”（Pegram Lecture）是为了纪念美国物理学家乔治 · B. 培格莱姆（George B. Pegram，1876—1958）而设立的。培格莱姆曾经是哥伦比亚大学物理系系主任（1913—1945）和副校长（1949—1950）。在第二次世界大战期间，在“曼哈顿计划”中发挥了许多协调性作用。

③ Weinberg，Alvin M.，“Impact of Large-Scale Science on the United States”，*Science*，Volume 134，Issue 3473. 1961. pp. 161 - 164.

> 一个新的时代，那是清除了一切陈腐却保留着基本传统的时代。不仅现代科学硬件如此光辉不朽，堪与埃及金字塔和欧洲中世纪大教堂相媲美，且用于科学事业人力物力的国家支出也骤然使科学成为国民经济的主要环节。现代科学的大规模性，面貌一新且强而有力使人们以“大科学”一词来美誉之。大科学是如此新颖，难免不使人去探寻它的开端；大科学又是如此庞大，以至我们很多人担心是否我们创造出一个直立的庞然大物；大科学更是如此地不同于以往，这又使我们不免用怀旧的心情回顾曾是我们生活方式的小科学。①

普赖斯所谓的“小科学”一般指的是个体化的、花费小的研究。

之所以说是个体化的，是指在小科学时代，大多数科学成就是一个人单枪匹马所做成的；即便偶尔有个助手或搭档，如拉瓦锡的妻子安妮曾作为其助手，居里夫妇两人一起工作，然而这种情况是比较少见的。

之所以说是花费小的，是指在小科学时代，不需要花费大量的资金，研究的经费要么来自自己的打工或经营所得，要么来自家庭的财力，要么来自政府的小额资助。前一种情况比如原子论的提出者、英国化学家道尔顿（John Dalton）是一位纺织工人的儿子，家庭贫穷，只上了两年学就退学了，12 岁的时候开始在教会学校教书。通过自己的努力，先富裕，再做科学研究的也有，比如富兰克林。他富有经商头脑，且作出了一些实用性的发明，在 42 岁从事科学研究之时，已是个富裕商人，故而可以无牵无挂地从事电学研究。

第二种情况比如波义耳（Robert Boyle），他出生在一个富有的贵族家庭，优越的家庭条件，可以请家庭教师，还可以让他到国外留学，自由地进行科学研究。英国科学家卡文迪许（Henry Cavendish）也是如此，他出生于一个显赫且富有的家庭，从来不为钱财发愁，他甚至告诉银行：如果让他费心过问理财这样的俗事，将会失去他这个大客户。

第三种情况的例子还有很多，比如植物学家林耐在 25 岁时得到了

---

① ［美］普赖斯：《小科学、大科学》，宋剑耕、戴振飞等译，世界科学社 1982 年版，第 2 页。

政府大约100美元的资助赴瑞典北部的拉普兰（Lapland）进行野外探险。这一次植物学的考察，使他感受到了植物生命的多样性，萌发了将生物进行系统分类的念头。

在小科学时代，科学研究的主要目的在于满足人的好奇心，追求自然现象背后的原理和规律。比如，哥白尼为什么会提出“日心说”呢？这主要在于托勒密的“地心说”过于繁琐，在数学上不优美。或许受到“奥卡姆剃刀原理”（如无必要，勿增实体）的影响，哥白尼就开始思考：“如果重新拟定托勒密的方案，使从行星围绕太阳而不是地球旋转，这样对所有的观测和计算会带来什么影响呢？”① 再如，波义耳等人对一些医学或生命科学的问题比较感兴趣：“凶猛的狗如果完全换上懦弱的狗的血液，是否就会变得更温驯？”“学会拾物带回或是跟在鸭子后方潜水或是指出猎物所在的狗，如果频繁而全面地换上不善这类运动的狗的血液，它们的表现还会像以前一样出色吗？”②

小科学时代，科学家观察、实验、森林探险、远洋科学考察，大都是为了满足好奇心而已。他们的成果也一般终止于科学杂志上，对政治、社会等影响不大，更不会为了评职称、评奖项、获得报酬而进行科学研究。

到19世纪下半叶，小科学时代逐渐向大科学时代转变。在这一转变过程当中，“科学”（science）和“科学家”（scientist）这两个概念在19世纪30年代被创造，并在此后的岁月中逐渐传播开来。1831年，英国科学促进会（British Association for the Advancement of Science）成立，而且使用了“science”这一词汇。1833年在英国科学促进会上，英国科学史家和科学哲学家休厄尔（William Whewell）③ 仿照artist这个词创造了scientist这个词。在1840年出版的《归纳科学的哲学》第二卷中，他写道：

① ［美］雷·斯潘根贝格、黛安娜·莫泽：《科学的旅程》，郭奕玲等译，北京大学出版社2014年版，第29页。

② Robert Boyle, “Trial Proposed to be made for the Improvement of the Experiment of Transfusing Blood out of one Live Animal into Another”, *Philosophical Transactions*, February 11, 1666, https://royalsocietypublishing.org/doi/pdf/10.1098/rstl.1665.0147，2021年5月5日访问；［美］爱德华·多尼克：《机械宇宙：艾萨克·牛顿、皇家学会与现代世界的诞生》，黄珮玲译，社会科学文献出版社2016年版，第81页。

③ 有时也译为惠威尔。

> 由于我们不能把 Physician（医生）用于物理学的耕作者，我就把后者称作 physicist（物理学家）。我们非常需要一个名称来一般地描述一个科学的耕作者。我倾向于把他叫作 Scientist（科学家）。这样一来，我们就可以说，正如 Artist（艺术家）指的是音乐家、画家或诗人，Scientist（科学家）则是指数学家、物理学家或博物学家。①

因此，从19世纪后半叶以后，“科学”逐渐成为一种社会事业，“科学家”也成为从事科学研究的共同体的一个统一的称呼，并作为一种职业为社会所认可。

19世纪60年代开始，第二次科技革命在德国、美国、英国、法国等地逐渐展开。实际上，第一次科学革命和第一次技术革命或工业革命并不是同时进行的，科学革命自1543年哥白尼出版《天体运行论》开始算起，而第一次技术革命一般是从1776年瓦特改良蒸汽机谈起。因此，第一次科学革命与第一次技术革命之间并没有严格意义上的互动和交集。然而，第二次科技革命可以说是名正言顺的“科技”革命，这是因为技术的发展得益于科学上的突破。例如内燃机、电动机、发电机、电灯、电报、电话、电影等新技术、新事物的产生，都与热力学、电磁学等自然科学的最新进展密切相关。倘若没有这些领域的发展，以上技术发明恐难以实现。

既然认为20世纪上半叶，出现了“大科学”，那么“大科学”有什么特征呢？为什么这样命名呢？普赖斯运用计量学的统计分析方法，从多个角度，比如科学期刊和科学家的人数等进行了统计。就科学期刊来说，17世纪60年代，只有英国皇家学会创办的（《哲学会刊》，1665），然而到20世纪60年代的时候，一共有了5万多种，其中3万多种期刊到21世纪仍在发行。就科学家群体来说，17世纪中叶仅有极少数的科学家，大部分都可以叫得上名字，到了1800年，大概有1000人，1850年1万人，1900年10万人，20世纪60年代100万人左右等等。

因此到了20世纪上半叶，大科学逐渐成形，尤其是在第二次世界

① 转引自吴国盛《什么是科学》，广东人民出版社2016年版，第23页。

大战期间。在那时，为社会进行科学研究成为一种强有力的推动力。学术刊物、学术社团、研究刊物、基金会、大学、研究机构等如雨后春笋般诞生了。一些大的工程、大的计划也就成为大科学时代的标志，比如曼哈顿计划、阿波罗计划、人类基因组计划等。

大科学一般意味着：大的预算、大的科学家群体、大机器、大的实验室、大的科学或社会影响。比如有“中国天眼”之称的 FAST 射电望远镜，是中国科学院国家天文台在贵州于 2011 年开工建设、2016 年建成的世界上最大的单口径射电望远镜，口径 500 米，面积有 30 个足球场大，花费 11.5 亿元人民币左右。再如，目前正在研究的环形正负电子对撞机及超级质子对撞机（CEPC-SPPC），其投入或许超过 1000 亿元人民币。

下面以曼哈顿计划为例来详细说明大科学。

曼哈顿计划（Manhattan Project）是第二次世界大战期间研发与制造原子弹的一项大型军事工程，由美国主导、英国与加拿大提供相关支援，该计划于 1942 年至 1946 年间由美国陆军工程兵团的莱斯利·理查德·格罗夫斯中将领导，美国物理学家罗伯特·奥本海默作为洛斯阿拉莫斯国家实验室[1]的首位主任负责原子弹的制造。

1941 年 12 月 7 日，日本偷袭美国珍珠港，美国随即对日宣战，自此美国正式卷入第二次世界大战。此时，纳粹德国已经开始了德国核武器开发计划“铀计划”，目的是制造出核武器并运用于第二次世界大战之中。因此，包括阿尔伯特·爱因斯坦在内的一些美国及同盟国科学家建议美国政府要在纳粹德国之前研发出原子弹。1939 年 8 月 2 日，旅居美国的匈牙利物理学家西拉德（Leo Szilard）起草了一封给时任美国总统富兰克林·罗斯福的信，爱因斯坦在这封信上签了字。信的内容如下：

我从费米（E. Fermi）和西拉德（L. Szilard）的手稿里，知道

---

① 洛斯阿拉莫斯国家实验室（Los Alamos National Laboratory），简称 LANL，是美国承担核子武器设计工作的两个国家实验室之一，另一个是劳伦斯利弗莫尔国家实验室（始于 1952 年）。洛斯阿拉莫斯国家实验室建立于 1943 年曼哈顿计划期间，最初负责原子弹的制造、由加州大学伯克利分校负责管理。

了他们的最近工作，使我预料到在不久的将来铀元素会变成一种重要的新能源。这一情况的某些方面似乎需要加以密切注意，如有必要，政府方面还应迅速采取行动。因此，我相信我有责任请您注意下列事实和建议。

最近四个月来，通过约里奥（Joliot）在法国的工作以及费米和西拉德在美国的工作，已经有几分把握地知道，在大量的铀中建立起原子核的链式反应会成为可能，由此，会产生出巨大的能量和大量像镭一样的元素。现在看来，几乎可以肯定，这件事在不久的将来就能做到。

这种新现象也可用来制造炸弹，并且能够想象——尽管还很不确定——由此可以制造出极有威力的新型炸弹来。只要一个这种类型的炸弹，用船运出去，并且使之在港口爆炸，很可能就会把整个港口连同它周围的一部分地区一起毁掉。但是要在空中运送这种炸弹，很可能会太重。

美国只有一些数量不多而品位很低的铀矿。加拿大和以前的捷克斯洛伐克都有很好的铀矿，而最重要的铀资源是在比利时属地刚果。

鉴于这种情况，您会认为在政府同那批在美国做链式反应工作的物理学家之间有一种经常的接触是可取的。要做到这一点，一个可行的办法是，由您把这任务委托给一个您信得过的人，他不妨以非官方的资格来担任这项工作。他的任务可以有以下几方面：

a）联系政府各部，经常告诉它们进一步发展的情况，并且提出政府行动的建议，特别要注意为美国取得铀矿供应的问题。

b）设法加速实验工作。目前实验工作是在大学实验室的预算限度之内进行的。如果需要这项资金，可通过他同那些愿意为这一事业作出贡献的私人进行接触，或者还可以由取得那些具有必要装备的工厂实验室的合作来解决。

我了解到德国实际上已经停止出售由它接管的捷克斯洛伐克铀矿出产的铀。它之所以采取这种先发制人的行动，只要从德国外交部副部长的儿子冯·魏茨泽克（Von Weizsäcker）参加柏林威廉皇帝研究所工作这一事实，也许就可以得到解释，这个研究所目前正在重复着美国关于铀的某些工作。

您的诚实的

A. 爱因斯坦

1939年8月2日①

曼哈顿计划于1942年8月13日正式命名，雇用了超过13万工作人员，当时花费了将近20亿美金，超过90%的费用用于建造工厂和制造核裂变的原材料，用于制造和发展武器的部分仅占不到10%，此一工程横跨美国、英国和加拿大三国的30多个城市。在此之前，从未有过一个科学项目花费这么多的钱，有这么多人参与，涉及如此多的地方。这也标志着，人类的科学进入“大科学”时代。

1945年7月16日，美国的第一颗原子弹在新墨西哥州的沙漠中试爆成功。1945年8月6日，美军向日本广岛投放名为“小男孩”的原子弹；8月9日，美军向日本长崎投掷名为“胖子”的原子弹。

美国在日本广岛、长崎投下原子弹，其影响是重大且深远的。

首先，它造成日本广岛、长崎居民的大量伤亡。据一份于1946年6月30日发布的《美国战略轰炸调查：原子弹对广岛和长崎的影响》显示，这两次轰炸导致广岛7万—8万人因核爆而死亡，大致同样人数受伤；长崎则有超过3.5万人死亡，受伤的人数则大于这个数字。②

其次，向日本投下的两颗原子弹直接加速了第二次世界大战的结束。8月15日，日本宣告无条件投降。如果德国成功研制原子弹，而美国没有研制成功，那么第二次世界大战的结束恐怕要往后推迟了。

最后，原子弹的研制成功不仅对战争产生了影响，而且对其倡议者爱因斯坦本人也产生了影响。在原子弹投放之后的几个星期里，爱因斯坦异常地沉默寡言，闭门谢绝各地访客和记者，甚至他的邻居，《纽约

---

① 《爱因斯坦文集》第3卷，许良英、赵中立、张宣三编译，商务印书馆2010年版，第210—211页。

② The US Government Printing Office, *The United States Strategic Bombing Survey: The Effects of Atomic Bombs on Hiroshima and Nagasaki*, June 30, 1946 (1946). RWU E-Books, p15, https://docs.rwu.edu/cgi/viewcontent.cgi?article=1000&context=rwu_ebooks, 2021年5月21日访问。

时报》的出版人萨尔兹伯格（Arthur Ochs Sulzberger）打电话给他，想采访他，爱因斯坦也不想发表任何评论。①

为了约束和控制核武器的发展，1945 年秋天，爱因斯坦发表了一个“要原子战争还是要和平”的谈话。在谈话中，他提出成立一个具有绝对军事力量的世界政府，这是一个“超国家”组织，而不是“国际”组织，因为它凌驾于其他国家之上，而不是充当各个主权国家的调停者。只有人权遭到严重侵犯的地方（他当然想到了纳粹德国），这个超国家的政府才有权介入一个国家的内部事务。

> 原子弹的秘密应当移交给一个世界政府，而美国应当马上宣布它愿意这样做。这样一个世界政府应该由美国、苏联、英国来建立，因为只有这三个大国才拥有强大的军事力量。这三个国家应当把它们的全部军事力量移交给这个世界政府。②

1946 年 7 月 1 日，美国《时代》周刊将爱因斯坦作为了封面人物。在封面图片上，一朵蘑菇云正在他后方升起，上面饰以 $E = mc^2$ 的标记。杂志刊出了一篇以散文风格写成的报道：

> 透过随之而起的剧烈爆炸和熊熊火焰，那些对历史因缘有兴趣的人隐隐看到了一个身材不高的男人。他性格腼腆，天真单纯，有如圣徒一般，褐色的眼睛里闪着柔和的光，脸上低垂的皱纹让人想起一只厌倦了尘世的猎狗，头发有如北极光……阿尔伯特·爱因斯坦并未直接参与研制原子弹。但在两个重要的意义上，爱因斯坦是原子弹之父：正是他的倡议启动了美国的原子弹研究；正是他的方程（$E = mc^2$）使得原子弹在理论上成为可能。③

社会上将原子弹的功劳归之于他的这种看法，令爱因斯坦特别痛

① 参见［美］艾萨克森《爱因斯坦传》，张卜天译，湖南科学技术出版社 2014 年版，第 429 页。

② 《爱因斯坦文集》第 3 卷，许良英、赵中立、张宣三编译，商务印书馆 2009 年版，第 233—234 页。

③ ［美］艾萨克森：《爱因斯坦传》，湖南科学技术出版社 2014 年版，第 427 页。

苦，非常自责："要是我知道德国人不能成功研制出原子弹，我一点力都不会出。"[①] 1955 年 3 月 19 日，爱因斯坦给物理学家冯·劳厄[②]写了一封信。在信中，爱因斯坦做了进一步解释：

> 关于原子弹和罗斯福，我所做的仅仅是：鉴于希特勒可能首先拥有关于原子弹的危险，我签署了一封由西拉德起草给总统的信。要是我知道这种担忧是没有根据的，当初我同西拉德一样，都不会插手去打开这只潘多拉盒子。因为我对各国政府的不信任，不仅限于对德国政府。
>
> 很遗憾，我没有参与反对对日本使用原子弹的警告。这一荣誉应当归于詹姆斯·弗朗克（James Frank）[③]。要是他们听了他的话，那就好了。[④]

"大科学"时代的科学研究往往意味着科研人员众多，科学投入巨大，科研成果影响甚广，同时，也意味着科学家肩负着更大的社会责任。然而，从"小科学"转向"大科学"的过程中，科学也逐渐成为一种社会建制，科技活动也逐渐形成了它自己的组织。

二　科技活动的社会组织

作为人类认识和改造世界的创造性劳动，科技活动在不同的历史时期表现出不同的研究内容和组织形式。科学技术发展的早期，科技活动的社会组织形式比较简单，科学家之间合作的意愿和要求不甚紧迫与明

---

① ［美］艾萨克森：《爱因斯坦传》，湖南科学技术出版社 2014 年版，第 427 页。

② 麦克斯·冯·劳厄（Max von Laue），德国物理学家，1912 年发现了晶体的 X 射线衍射现象，并因此获得诺贝尔物理学奖。

③ 詹姆斯·弗兰克（James Franck），德国著名实验物理学家（后加入美国国籍）、1925 年诺贝尔物理学奖得主。其毕业于柏林大学。弗兰克早期任德国哥廷根大学物理系主任兼物理学教授，从 1938 年起一直担任世界顶级学府美国芝加哥大学物理系教授直至去世。

④《爱因斯坦文集》第 3 卷，许良英、赵中立、张宣三编译，商务印书馆 2009 年版，第 385—386 页。

显，大部分主要表现为个人行为；随着科学研究内容的复杂化和科学研究规模的扩大化，科技活动的社会组织也发生了根本性变化。

（一）古代科技活动的社会组织

在现代科学革命之前的上千年时间里，人类对于自然界的认识还处于朦胧、幼稚和直观的阶段。在大多数情况下，科技活动主要是个人单打独斗、独自完成的科学发现或技术发明，科学交流和科研合作并未成为一种主流。在前现代社会，曾有过一些如学派、学园等形式的组织，这些组织或可视作科学组织的萌芽状态。

1. 稷下学宫

在战国时期，齐国形成了“稷下学宫”这一学术机构。在《史记》等古籍中均有记载。

> 宣王喜文学游说之士，自如驺衍、淳于髡、田骈、接予、慎到、环渊之徒七十六人，皆赐列第，为上大夫，不治而议论。是以齐稷下之士复盛，且数百千人①
>
> 自驺衍与齐之稷下先生，如淳于髡、慎到、环渊、接子、田骈、驺奭之徒，各著书言治乱之事，以干世主，岂可胜道哉！……于是齐王嘉之，自如淳于髡以下，皆命曰列大夫，为开第康庄之衢，高门大屋，尊宠之。览天下诸侯宾客，言齐能致天下贤士也。②

儒家的孟子、荀子，法家的慎到，阴阳家的邹衍，以及不确定其思想派别的淳于髡等都曾经在稷下学宫讲学或著书立说。稷下学宫兼有学校、智囊团等多种功能，其中的学者多达数百上千人之多。这些学者的主要目的或在齐国参政议政，或出使他国，或著书立说，或教育后代，总之，要帮助齐国发展壮大。

---

① 许嘉璐主编：《史记·卷四十六·世家第十六·田敬仲完世家》，汉语大词典出版社2004年版，第739页。

② 许嘉璐主编：《史记·卷七十四·列传第十·四孟子荀卿列传》，汉语大词典出版社2004年版，第999—1000页。

2. 柏拉图学园

公元前387年，在朋友的支持下，柏拉图在雅典城外的Academus建立了学园。这是欧洲历史上第一所综合的传授知识、进行学术研究、提供政治咨询、培养学者和政治人才的学校和研究机构。直到公元529年，东罗马皇帝查士丁尼出于维护基督教神学的需要，下令封闭雅典所有传授异教哲学的学校时，柏拉图学园才被迫关闭。它前后持续了900年左右。

柏拉图不仅自己亲自参与政治活动，比如三次参与叙拉古的政治活动，还鼓励其弟子将他的政治思想传播和实践出去，为各城邦提供立法和政治服务。柏拉图学园非常重视知识，尤其是科学知识，据说学园门前写着“不懂几何学者不得入内”。可见，柏拉图对几何（指的是数学）特别重视。还有两个例子可以说明，例如在《理想国》中，在训练一个孩子成为哲学王的过程中，数学也是十分重要的。当孩子10岁以下时，跟随父母生活。10—20岁时，所有孩子都要送到乡下，接受教育。使他们爱学习（算数、几何、立体几何、天文等），热爱劳动，并进行体育、军事教育等方面的训练。20—30岁的时候，就需要将之前所学习的各种课程内容加以综合，研究它们之间的联系以及它们和事物本质的关系。此外，到了晚期作品《蒂迈欧篇》中，柏拉图曾经设想用几何学来构造整个宇宙世界。

柏拉图之所以特别重视数学，或许与他出游埃及，特别是与南意大利和毕达哥拉斯学派成员的接触有关。在与他们进行深入交流之后，他发现数学、几何学的知识具有永恒不变的、客观的、普遍必然的性质。因此，在以后的思考中，数学越来越扮演了十分重要的角色。①

当然，除了特别重视数学以外，他还对科学的其他领域，比如动植物的分类、宇宙学、地理学等方面的知识都进行过研究。

3. 吕克昂学园

亚里士多德的家族是长期从事医生这一职业的，因此，他从小便接受了医学方面的知识和教育。从这个角度来说，亚里士多德的科学知识

---

① 参见汪子嵩等《希腊哲学史》（第二卷修订本），人民出版社2014年版，第512—518页。

还是比较丰富的。在公元前367年的时候，即17岁的时候，亚里士多德被送到雅典的柏拉图学园学习。此后的20年间，亚里士多德一直住在学园，直至柏拉图在公元前347年去世。在柏拉图去世以后，学园的新领导特别喜欢柏拉图哲学中的数学，这与亚里士多德的理论倾向不同，于是他便离开了雅典。

公元前341年以后，亚里士多德又被马其顿的国王腓力二世召回故乡，成为当时年仅13岁的亚历山大大帝的老师。公元前335年，腓力二世去世，亚里士多德又回到雅典，并在雅典城东北郊一个名叫“吕克昂”（Lyceum）的地方建立了自己的学园。亚里士多德边讲课，边撰写了多部哲学著作。他讲课时有一个习惯，即一边讲课，一边漫步于走廊和花园。或许也正是因为如此，学园的哲学被称为“逍遥的哲学”或者“漫步的哲学”。

在吕克昂学园内，上午的教学活动一般是和一些有学问的朋友和学生一边漫步，一边讨论深奥的学术问题，比如自然哲学、数学、天文学等；下午的时候，一般为文化知识不深的广大人士做演讲。吕克昂学园比较重视对文献资料的搜集，比如希腊城邦的政治制度和历史变迁的资料，以及各类图书。①

（二）近代科技活动的社会组织

在古代社会，科学技术发展水平不高，研究的内容也比较单一，科学家之间协作很少，大都采用个体研究形式。一直到17世纪，一些科学家的重大发现仍是个人长期研究、实验和观察的结果，如哥白尼的日心地动说、牛顿的经典力学体系以及牛顿、莱布尼茨分别独立提出的微积分等。

17—18世纪以后，以欧洲产业革命为出发点的大机器生产逐渐取代了手工业个体生产。正如赫森（Boris Hessen）在《牛顿〈原理〉的社会经济根源》、默顿（Robert K. Merton）在《十七世纪英格兰的科学、技术与社会》等著作中所阐述的那样，工业生产、煤炭运输等实践的需要促进了科学技术的发展。客观世界的复杂性，人类个体力量的有限

① 参见汪子嵩等《希腊哲学史》（第三卷修订本），人民出版社2014年版，第20—23页。

性，工业生产的需要，加之科学研究逐渐走向专业化、分科化，因此，一些科学课题仅靠个人能力很难胜任，这便促使科学家进行社会协作。

1. 意大利的山猫学会

意大利诞生了近代社会的第一个学术性的社会组织，即山猫学会（Academy of the Lynxes）。

1603 年 8 月 17 日，18 岁的意大利贵族青年切西公爵（Federico Cesi）召集了自己的三位好朋友：荷兰医生西科（Johannes van Heeck）、数学家斯泰卢蒂（Francesco Stelluti）和博物学家菲利斯（Anastasio de Filiis）来到罗马的宫殿，正式提出了自己想创建科学学会的设想。接着，他们选取了意大利自然哲学家波尔塔（Giambattista della Porta）的著作《自然的法术》中的"山猫"（Lincei）作为学会的名称。在鼎盛时（1625 年），山猫学会的会员达到 32 人。物理学家伽利略曾于 1611 年加入山猫学会，成为第 6 位会员。1630 年，切西去世。之后，因学术活动逐渐式微，学会也没能长久维持下去，最终在 1651 年消亡。

为什么用"山猫"这个名字呢？因为"山猫"用于《自然的法术》一书的封面，并声称"山猫的眼睛，审视着那些显露无遗的东西，它观察它们，并且充满热情地运用它们"①。切西以"山猫"冠名，其敏锐的洞察力或许象征着人们对每个科学细节的关注，对科学的孜孜以求的探索精神。

切西是一位博物学家和科学的爱好者，他设想的科学不是单枪匹马式的研究，而是一种在一定的社会组织之下开展的整体性的社会活动。他认为学术研究应当对周遭的世界进行观察和理性地思考；应当进行大量的阅读，思考前人的研究成果；应当是跨学科和公共性的，科学知识应该在观察和实验的过程中得以证明；应该是非功利性的。另外，切西和山猫学会还特别重视会员们的相互帮助，互相启发，以及注重学术成果的出版。②

19 世纪 70 年代，意大利复兴该学院，并扩大范围和等级，将其提

---

① 转引自宋丽《17 世纪意大利山猫学会（Accademia dei Lincei）研究》，博士学位论文，上海师范大学，2016 年。

② 参见宋丽《17 世纪意大利山猫学会（Accademia dei Lincei）研究》，博士学位论文，上海师范大学，2016 年。

升为国家级文学和科技研究所。

2. 无形学院和英国皇家学会

皇家学会一开始是一个约 12 名科学家组成的小团体，当时被波义耳称作“无形学院”[1]。1640 年后，他们经常每周在一些地方聚会，比如成员们的住所、伦敦的格雷沙姆学院（Gresham College）附近的酒店等。在无形学院中，知名的成员有约翰·威尔金斯、乔纳森·戈达德、罗伯特·胡克、克里斯多佛·雷恩、威廉·配第和罗伯特·波义耳等。在无形学院内，大家讨论的内容是十分宽泛的，比如约在 1645 年，他们曾聚在一起探讨弗兰西斯·培根在《新大西岛》中所提出的新科学。

最初这个团体并没有立下任何规定，目的只是集合大家一起研究实验并交流讨论各自的发现。随着时间的推移，由于旅行距离上的因素，无形学院于 1638 年分裂成了两个社群：“伦敦学会”与“牛津学会”。因为许多学院人士住在牛津，牛津学会相较之下较为活跃，一度成立了“牛津哲学学会”，并制定了许多规则。

1660 年，召开了一个集会，12 人委员会宣布成立一个“促进物理—数学实验学习的学院”，每周集会讨论科学和进行实验。约翰·威尔金斯被推选为主席，并起草了一个“被认为愿意并适合参加这个规划”的 40 人名单。

1662 年 7 月 15 日，国王签署了特许状成立“伦敦皇家学会”，由威廉·布朗克出任第一任会长。1663 年 4 月 23 日签署了第二道皇家特许状，指明国王为成立人，并授予正式名称“伦敦皇家自然知识促进学会”。罗伯特·胡克被指定为学会实验的负责人。自那时起，每一任国王都是皇家学会的保护人。

皇家学会的成立，与当时科学家和皇室对科学的认识是分不开的。科学从一开始就和人们的需要以及人们对美好生活的向往是分不开的，比如皇家学会章程草案的起草者雷恩就认为：

> 我们的理智告诉我们，我们自己在国外旅行的见闻也充分证

---

① ［英］亨利·莱昂斯：《英国皇家学会史》，陈先贵译，云南省机械工程学会、云南省学会研究会，1984 年，第 15 页。

明，我们只有增加可以促进我国臣民的舒适、利润和健康的有用发明，才能有效地发展自然实验哲学，特别其中同增进贸易有关的部分。这项工作最好由有资格研究此种学问的有发明天才和有学问的人组成一个团体来进行。他们将以此事作为自己的主要工作和研究内容，并组成为拥有一切正当特权和豁免权的正式学会。（皇家学会成立特许状序言，录自雷恩先生的第一份清样和草稿）①

特许状序言本身，则以较为庄重严肃的语言表达了设立皇家学会的目的。

一个时期以来，有不少一致爱好和研究此项业务的才智德行卓著之士每周定期开会，习以为常，探讨事物奥秘，以求确立哲学中确凿之原理并纠正其中不确凿之原理，且以彼等探索自然之卓著劳绩证明自己真正有恩于人类；朕且获悉他们已经通过各种有用而出色之发现、创造和实验，在提高数学、力学、天文学、航海学、物理学和化学方面取得了相当的进展，因此，朕决定对这一杰出团体和如此有益且堪称颂之事业授予皇室恩典、保护和一切应有的鼓励。②

自成立以来，英国皇家学会在认可、促进和支持卓越的科学研究，以及鼓励将科学应用于造福人类方面作出了巨大的贡献。③

3. 其他国家的学会或科学院

1666 年，在法国官方的支持下成立了巴黎科学院。1672 年，完成了巴黎天文台的建设，为巴黎科学院的科学活动提供了固定的场所，也标志着科学院在实体上的建设完成。1699 年，法国国王路易十四赐名这个组织为“巴黎皇家科学院”（Académie royale des sciences），安置在当时的皇宫卢浮宫的图书馆里，并制订了章程。

---

① ［英］贝尔纳：《科学的社会功能》，陈体芳译，广西师范大学出版社 2003 年版，第 28—29 页。

② ［英］贝尔纳：《科学的社会功能》，陈体芳译，广西师范大学出版社 2003 年版，第 29 页。

③ “Mission and Priorities”，https://royalsociety.org/about-us/mission-priorities/，2021 年 5 月 9 日访问。

1652年在德国成立了利奥波第那科学院（Academy of Sciences Leopoldina），2007年升格为德国国家科学院。

1770年，在莱布尼茨的推动之下，在柏林成立了“普鲁士科学院”（Royal Prussian Academy of Sciences）。在19世纪初，在施莱尔马赫（Friedrich Daniel Ernst Schleiermacher）和洪堡（Alexander von Humboldt）的改革下，“普鲁士科学院”改变了自然科学凌驾于语言和历史等文科的传统。

1724年，彼得大帝一世颁布并成立了俄国科学院，1726年召开了第一届院士大会，开启了俄国科学研究的近代化历程。俄国学术共同体的成立，促进了科学的发展，在18世纪40年以后，相继涌现了罗蒙诺索夫（Mikhail Lomonosov）、罗巴切夫斯基（Nikolai Lobachevsky）等一批世界级的科学家。

4. 蒙养斋算学馆

1582年以后，随着利玛窦等西方传教士进入中国，近代科学知识和技术物品也被他们随之带入中国。正是在西学东渐这一背景之下，在清朝康熙帝时期，中国诞生了一个颇有西方“学会”或“科学院”色彩的机构，即“蒙养斋算学馆”。

1713年9月20日，康熙给诚亲王、十六阿哥下旨：

> 尔等率领何国宗、梅瑴成、魏廷珍、王玉兰、方苞等编纂朕御制历法、律吕、算法诸书，并制乐器，著在畅春园奏事东门内蒙养斋开局，钦此。①

于是在畅春园设立“蒙养斋算学馆”，这是一个专门研究数理、历象、乐律的地方，其中尤其看重数学。《世宗御制律历渊源·序》记载：

> 皇考圣祖仁皇帝生知好学，天纵多能，万几之暇，留心律、

① 转引自韩琦《格物穷理院与蒙养斋——17、18世纪之中法科学交流》，《法国汉学》（四），中华书局1999年版，第302—324页。

> 历、算法。……爰指授庄亲王[①]等，率同词臣于大内蒙养斋编纂，每日进呈。[②]

《会典事例》（卷八二九）中“国子监算学”词条言：

> 简大臣官员精于数学者司其事，特命皇子亲王董之，选八旗世家子弟学习算法……教习六十人……每旗官学资质明敏者三十余人，定以未时起，申时止，学习算法。[③]

蒙养斋算学馆与欧洲的科学院既有共同点，也有很大的不同。

它们的共同点是，蒙养斋和皇家科学院都得到了国家的支持。法国皇家科学院在世界范围内进行天文观测，以确定经纬度、绘制地图，推动了天文学和地理学的发展。蒙养斋设在皇家花园畅春园中，又由三皇子胤祉亲自领导，这说明这一机构在创建伊始就打上了皇家的色彩。[④]

然而，蒙养斋算学馆是一个临时性的、封闭性的机构，因而其学术研究缺乏长远的规划性，除了测量经纬度、绘制地图之外，很少有天文观测，也没有从事科学实验；没有吸收法国等国最前沿的科学知识。蒙养斋算学馆只对少部分人开放，并未对其他对自然科学感兴趣的有识之士开放。当然，也并未有期刊印制，用以定期发表研究成果。

5. 现代化实验室的建立

进入19世纪，科学技术进一步发展，逐渐摆脱了经验形态，开始建立并形成自身的理论体系。这一时期社会生产向着大型化和诸学科相互结合的方向发展，对科学技术提出了两个要求：即不同学科间的相互

---

① 庄亲王，这里指的是爱新觉罗·胤禄（1695—1767），是康熙的第十六个儿子。精数学，通乐律，曾经参与编著《数理精蕴》。该书汇集了自1690年之后输入中国的西方数学知识，并吸收了当时中国数学家的一些研究成果。《数理精蕴》在清代流传很广，成为当时数学教育和学习的主要教材和参考书，对18、19世纪中国数学的发展影响很大。

② 转引自方豪《中西交通史》（下），上海人民出版社2015年版，第519—520页。

③ 转引自方豪《中西交通史》（下），上海人民出版社2015年版，第520页。

④ 参见韩琦《格物穷理院与蒙养斋——17、18世纪之中法科学交流》，《法国汉学》（四），中华书局1999年版，第302—324页。

合作与科学和技术的相互结合。为了适应这种需求，一种新的科学研究方式应运而生——以研究所或实验室为依托的社会组织开始出现。19 世纪以来，实验室在德国、美国、英国等大学或企业中逐渐兴盛起来，成为科学家进行科学研究的一种重要组织方式。

1826 年，德国化学家李比希（Justus Freiherr von Liebig）在吉森大学（University of Giessen）建立了集教学与科研于一体的现代化学实验室，并面向来自世界各地的青年化学家讲授化学研究方法。在其影响下，德国其他大学纷纷效仿，例如冯特创立第一所实验心理学实验室。

威廉·冯特（Wilhelm Maximilian Wundt）是现代心理学或科学心理学的创始人。他先后在图宾根、海德堡和柏林求学。1857 年，在海德堡大学，他找到了一份工作，担任生理学讲师。1858 年，德国生理学家、物理学家赫尔曼·冯·亥姆霍兹（Hermann von Helmholtz）到海德堡大学工作并创立生理学实验室，冯特作为助手，加入其实验室。在此，冯特完成了几部重要的心理学著作。1875 年，冯特转到莱比锡大学教书。1879 年 12 月，他在学校招待所三楼的一个小房间里，建立了第一所心理学实验室，这也标志着心理学开始作为一门独立研究领域的诞生。像李比希、冯特等科学家创立实验室那样，德国科学由此摆脱了自然哲学的束缚，开始走上了以“实验”为基础的现代科学。

1876 年，大发明家爱迪生在美国新泽西州的门罗公园（Menlo Park）建立了美国第一个从事应用与开发工作的实验室。1877 年，爱因斯坦在此实验室发明了留声机，门罗公园也因此逐渐名声大噪，吸引了许多人前往公园游览。爱迪生后扩建实验室，将门罗公园称之为“发明工厂”。

（三）现代科技活动的社会组织

20 世纪尤其是 50 年代以来，科学技术发展实现了从小科学到大科学的过渡和跃迁。所谓大科学，一般是指科学在按指数规律高速增长的基础上，成为全社会范围内的、以集体协同合作的形式，有计划地进行研究的事业。其基本特征是科学研究的规模大、科研活动实施的有条理性、有计划性、科研成果的数量多以及科研成果的影响大。诸如美国的“曼哈顿工程”“阿波罗登月计划”和中国的“两弹一星计划”等都具有大科学的典型特征。

大科学的兴起和发展，既是科学技术自身发展的必然趋势，也是科学技术社会化的客观需求。因而，大科学的兴起使科技活动的社会组织迈向了一个更高的阶段。大科学的出现也使科学技术成为国家的重要部门。

最早的大科学计划，比如我们前面详细提到的“曼哈顿计划”。除了该计划以外，在20世纪下半叶早期，“阿波罗计划”也是现代科技活动的一个典型代表。1961年4月12日，苏联在大科学计划下成功发射载人飞船——“东方一号”，把加加林送入太空。这极大刺激了美国，担心落后于苏联，从1961年5月开始，美国总统肯尼迪公开支持“阿波罗计划”。1972年12月，阿波罗计划中的第十一次载人任务，是人类第六次也是迄今为止最后一次成功登月的航天任务。该计划预算250亿美元左右，动员超过2万家公司、120所大学和研究机构共42万人，生产出300多万个零件，终于完成了登月计划。这是一项在人类科学技术发展史上空前复杂和艰巨的任务，因此如果没有国家的统筹规划，各部门、各学科的大协作，这是无法完成的。

此后的很多大的科学计划，比如20世纪80年代的“星球大战计划”“信息高速公路建设计划”、90年代实施的“人类基因组计划”等，都已经超出了某一科学家、某一科研团队、某一大学甚至某一个国家的能力。在大科学时代，科研合作越来越重要，尤其在解决人类共同面临的问题时，比如全球变暖等气候变化。因此，建立跨学科的国际合作组织就十分重要了。

三　科学共同体及其社会规范

（一）科学共同体的定义

科学共同体（scientific community）由“社区”（community）这一概念引申而来，但舍弃了“社区”概念原先的地域划分含义。一般而言，科学共同体指由科学家所组成的群体，这些科学家遵守大致相同的科学规范，经历相似的学术训练，使用同类的学术文献，接受大体相同的理论。

科学共同体是一个富有弹性的概念，其大到可以包括所有的科学研究者，小到可以指代由数人所组成的研究团体。

（二）科学共同体的社会规范

科学共同体的社会规范，也叫科学的精神气质（the ethos of science）。科学社会学的奠基者——默顿在《17世纪英格兰的科学、技术与社会》《论科学与民主》等著作或文章中或有论及，或专门讨论过。

罗伯特·金·默顿（King Merton）是20世纪最具影响力的社会学家、科学社会学的创始人。其求学的经历也颇具传奇色彩。

默顿就读于天普大学（Temple University），在俄裔美籍社会学家辛普森（George Eaton Simpson，1904—1998）的指导下学习社会学。辛普森只比默顿大6岁，当时他一边在宾夕法尼亚大学读博士，一边在天普大学代课社会学。在辛普森的带领下，默顿参加了一次美国社会学学会的年会，在会上认识了哈佛大学社会学的创系教授、俄裔美籍社会学家索罗金。

索罗金（Pitrim A. Sorokin）是一个传奇式的人物。他不是普通的学院派学者，他曾经被沙皇关进监狱三次，后由于反对共产主义，又被布尔什维克关进监狱三次。1923年，他被驱逐出境。1930年，受哈佛大学校长的邀请，索罗金到哈佛大学教书。索罗金的经历深深地吸引了21岁的默顿。两人在会议上相谈甚欢，互相欣赏。但由于天普大学和哈佛大学学校等级差距太大，能去哈佛大学读研究生简直是天方夜谭，其本科导师辛普森也是这么觉得的。但默顿就是特别喜欢索罗金这个富有魅力的学者，与此同时索罗金也鼓励他申请。后来竟然成功了。

在哈佛大学读研究生期间，又发生了一件比较偶然的事情。默顿选修了哈佛大学的经济史学家盖伊（E. F. Gay）所开设的课程，并邀请他写一篇《机械发明史》的书评。盖伊很喜欢这篇书评，并建议他去查看哈佛大学的科学史课程。而那时，正值萨顿（1884—1956）在哈佛大学教授科学史。默顿便与萨顿结下了师生之缘，并保持了二十五年的师生友谊。

在萨顿的指导下，默顿写了博士论文《17世纪英格兰的科学、技术与社会》。这篇文章最初发表在萨顿创办的《奥西里斯》（*Osiris*）杂志上。

默顿倾向于写文章，而不是鸿篇巨制。正如波兰社会学家什托姆普卡对默顿的评价那样：

> 他显然更喜欢写文集和论文，而不喜欢写鸿篇巨制。正如丹尼尔·贝尔指出："作家，跟跑步者一样，形成了跑步的'自然'长度。一个善于100码短跑的人，很少会成为一个很好的跑半英里的人，其呼吸调节和步伐感必然是不同的。"借用这个比喻来说，默顿显然像是一个中跑者。他的大部分令人称奇的成果都是以大部头文集、长文章、导言、评论、探讨的形式发表的——有时候它们越来越长，几乎不知不觉就变成了一本书，像《站在巨人的肩上：单迪附言》，到其第三版即二十年再版（Vicennial）时已到290页，或《科学社会学散忆》用150页的篇幅追溯了科学社会学的发展。但最常见的还是由大量作品汇编而成的文集，主要包括《社会理论和社会结构》（有三个主要版本）、《科学社会学》、《社会学的矛盾选择》和《社会研究与从事专门职业》等。真正意义上所谓的"书"——人文学者往往很看重这一点，自然科学家则对此不以为然——他只写过一本，而且是他不得不写的博士论文《17世纪英格兰的科学、技术与社会》。[①]

那什么是"科学共同体的社会规范"，即"科学的精神气质"呢？关于"科学的精神气质"这一概念，默顿最早在《科学与社会秩序》（Science and the Social Order，1938）[②]一文中提出，并在《论科学与民主》（A Note on Science and Democracy，1942）[③]等文章中做过进一步的阐释，并提出了被广泛征引的四项"科学的精神特质"（亦称科学研究的四项建制原则）。

① ［波］彼得·什托姆普卡：《默顿学术思想评传》，林聚任译，北京大学出版社2009年版，第2页。

② 参见默顿《科学与社会秩序》，《科学社会学》（上册），鲁旭东、林聚任译，商务印书馆2003年版，第344—360页。

③ 1949年，"论科学与民主"以"科学与民主的社会结构"（"Science and Democratic Social Structure"）为题收录于默顿的《社会理论与社会结构》中。1973年，该文又以"科学的规范结构"（"The Normative Structure of Science"）为题收录于默顿的《科学社会学》中。

所谓“科学的精神特质”主要是指“约束科学家的有情感的价值观和规范的综合体。这些规范以规定、禁止、偏好和许可的方式表达。它们借助于制度性价值而合法化”①。具体而言，“科学的精神特质”包括普遍主义（universalism）、公有性（communism）、非谋利性（disinterestedness）与有条理的怀疑（organized skepticism）四个方面的内容。

1. 普遍主义

普遍主义，指的主要是科学的非个人特性，即科学知识的评价标准和科学研究的准入资格必须与任何个人的、特殊的性质无关。

对于科学知识方面，普遍主义体现在“关于真理的断言，无论其来源如何，都必须服从于先定的非个人性的标准：即要与观察和以前被证实的知识相一致。”② 科学研究的成果要想成为科学知识，成为科学共同体的共识，就需要具有可重复性，这和研究者本人所使用的科学仪器、研究者的身份、国籍、个人品质等无关。不能因为爱因斯坦是犹太人而声称相对论是犹太人的科学并加以反对，也不能将爱因斯坦的相对论视为资产阶级的科学而进行批判。同时，这也就意味着并不存在所谓的“西方的科学”“东方的科学”等诸如此类的说法。就科学知识而言，其评价标准是普遍的、一元的，而不是个别的、多元的。

普遍主义也意味着要求科学研究准入资格的平等，“普遍主义规范的另一种表现是，要求在各种职业上对有才能的人开放”③，性别、出身、种族、肤色、政治倾向等等的任何差异，都不能成为限制有才能的人从事科学活动的理由。在第二次世界大战期间，纳粹德国将大批犹太科学家逐出大学和科研机构，其结果导致了德国科学的衰弱。

2. 公有性

公有性，首先意味着科学知识是一种公共产品，是所有人共同所有的，“科学上的重大发现都是社会协作的产物，因此它们属于社会所有。

① ［英］默顿：《科学社会学》（上），鲁旭东、林聚任译，商务印书馆 2003 年版，第 363 页。

② ［英］默顿：《科学社会学》（上），鲁旭东、林聚任译，商务印书馆 2003 年版，第 365 页。

③ ［英］默顿：《科学社会学》（上），鲁旭东、林聚任译，商务印书馆 2003 年版，第 368 页。

它们构成了共同的遗产，发现者个人对这类遗产的权利是极其有限的"①。因此，公有性意味着科学知识是一种共有产品，而不是科学知识发现者的私人财产，任何人都可以无偿地使用和交流他人的科学知识，科学知识的发现者本人在处置其发现的科学知识上没有特权，比如我们每个人都可以免费使用牛顿三大定律、能量守恒定律等。

其次，公有性还意味着科学家必须公开其发现，不可隐瞒自己的科学研究成果，例如理工科做实验时的实验数据必须完全公开——即使是不支持自己所持观点的实验数据也需要公开。为什么要这样呢？这是因为科学精神的其中一个方面就是"批判的态度"。就理工科而言，如果大家都不把实验细节和实验数据等公开出来，怎么让别人评价科研成果呢？怎么让别人进行重复性实验呢？

再次，科学知识虽然是一种公共产品，但为了承认、尊重和鼓励科学发现，在制度上就安排了命名权。命名权，也就意味着当某位科学家首先发现某一科学事实、科学规律、科学理论时，往往以他的名字来命名这一发现，比如牛顿三大定律、麦克斯韦方程、杨一米尔斯方程、哥白尼理论等。以科学家的名字来命名某一科学事实、科学规律或科学理论，这是对这位科学家所作出的成就的充分肯定和鼓励。由于在制度上安排了命名权，在某种程度上优先权就成了科学中十分关注的一个现象。科学命名权，主要是针对第一位科学发现者而言的，而不是之后的学者。也正是命名权的重要性，在科学史上产生了多起关于优先权的争论，比如氧气的首次发现者是普里斯特利，还是拉瓦锡？微积分的首次发现者是牛顿，还是莱布尼茨？进化论的首次发现者是达尔文，还是华莱士？

最后，科学的公有性规范，还体现在科学家承认他们的科学成就都是建立在前人的基础之上的。牛顿有句名言至今广为流传：如果我比别人看得更远些，那是因为我站在巨人的肩膀上。这句话，既表明了牛顿的谦逊，也显示出牛顿的科学成就不是他自己凭空想象出来的，而是与历史上公共的科学遗产分不开的，比如伽利略、开普勒等的贡献。

---

① ［英］默顿：《科学社会学》（上），鲁旭东、林聚任译，商务印书馆 2003 年版，第 369—370 页。

3. 非谋利性

非谋利性，是指就科学研究的动机而言的。它意味着科学家应该为科学而科学，“应该在其研究中只关心知识的进步，而不是其他东西。应当只关注其工作的科学意义，而不要关心它可能的实际应用或它的一般社会反响”①。科学以自身为目的，科学家只应为满足好奇心，为求得关于自然世界的真理而工作。这就意味着科学不能成为宗教的、政治的、经济利益的婢女或奴隶。

虽然科学工作者在作出巨大科学成就时，当时社会可能会给予他很高的荣誉和经济奖励，比如诺贝尔奖和1000万瑞典克朗（约合760万元人民币）② 奖金、中国的国家最高科学技术奖和800万元③奖金，然而这些并不是科学研究的初心，只是对科学研究的一种肯定和嘉奖。因此，它们并不是科学研究的最终目的。

4. 有条理的怀疑

有条理的怀疑，是指“按照经验和逻辑的标准把判断暂时悬置和对信念进行公正的审视”④，包含对“已确立的规则、权威、既定程序的某些基础，以及一般的神圣领域提出疑问”⑤。科学与其他社会建制不同的是，它十分强调怀疑的作用，强调怀疑是一种美德。怀疑本身不仅具有价值，而且是科学进步的第一步。

有条理的怀疑主张原则上可以怀疑一切，而不是事实上怀疑一切，一切科学知识都必须经受逻辑和经验的考验，才能被认可和接受。在科学领域，除了理性和经验之外，没有任何权威。

怀疑和批判是“有条理的”，也就意味着对科学知识的怀疑和批判不是随便说说而已，而是需要专业知识和专业素养，需要形成有条

---

① ［英］默顿：《科学社会学》（上），鲁旭东、林聚任译，商务印书馆2003年版，第353页。

② 这是2020年数据。

③ 2000年设立“国家最高科学技术奖”时，奖金是500万元。在2019年1月8日，奖金提升至800万元。

④ ［英］默顿：《科学社会学》（上），鲁旭东、林聚任译，商务印书馆2003年版，第376页。

⑤ ［英］默顿：《科学社会学》（上），鲁旭东、林聚任译，商务印书馆2003年版，第358页。

理的、有依据的、有逻辑的质疑或反驳论证。科学工作者所发表的论文、出版的著作、申请的课题等，都需要专家进行评审，即“有条理的怀疑”。当然，当学术论文、著作、课题等面临学术不端的指责时，则需要“学术委员会”等类似的机构，组织第三方专家，进行严格的学术鉴定和给出处理建议，而非由行政单位给出草率的官僚式的结论。

从以上论述中我们可以看到，在上述四项“科学的精神特质”中，默顿并未提及对科学研究而言至关重要同时也最为基本的要求——原创性（originality），原因何在？

默顿对科学持有一种比较经典的经验主义观点，认为“科学的制度性目标是扩展被证实了的知识”[①]。也就是说，作为一种社会活动的科学研究，其价值在于扩展和增加人类关于自然的知识，而且这种知识必须得到经验的证实。扩展知识，也就意味着要发现或创造出人类已有知识之外的新知识，意味着创新，意味着独创性，“独创性”是科学活动的根本价值目标。同时，默顿主张“知识是经验上被证实的和逻辑上一致的对规律（实际是预言）的陈述”[②]，亦即实证性和逻辑性是科学知识区别于非科学知识的标准。独创性指向新颖的知识，实证性与逻辑性指向可靠的知识。只有既新颖又可靠的知识，才能成为科学活动追求的价值目标，而“科学的精神特质”是保证这一价值目标的规范要求。总之，由科学活动所要求的独创性派生出四项“科学的精神特质”，所以不能简单地将“原创性”作为第五种“科学的精神特质”，而与普遍主义、公有性、非谋利性、有条理的怀疑相并列。

问题探究

1. “小科学”与“大科学”是什么关系呢？

---

① ［英］默顿：《科学社会学》（上），鲁旭东、林聚任译，商务印书馆 2003 年版，第 365 页。

② ［英］默顿：《科学社会学》（上），鲁旭东、林聚任译，商务印书馆 2003 年版，第 365 页。

2. 中国古代为什么没有形成西方意义上的科学组织呢？

3. 80 多年前，默顿提出了“科学的精神特质”，并对其进行了阐释；时至今日，它还适用吗？

延伸阅读

1. ［美］艾萨克森：《爱因斯坦传》，张卜天译，湖南科学技术出版社 2014 年版。

2. ［美］爱德华·多尼克：《机械宇宙：艾萨克·牛顿、皇家学会与现代世界的诞生》，黄珮玲译，社会科学文献出版社 2016 年版。

3. ［英］默顿：《科学社会学》（上），鲁旭东、林聚任译，商务印书馆 2003 年版，第十二、十三章。

专题九

科学与人文的统一性

——以萨顿“新人文主义”和“人性”为视角

本专题的选题背景及意义

自从20世纪50年代斯诺的《两种文化》发表以来，科学与人文的分裂和对立的问题在学术界被正式提出，直至著名的“索卡尔事件”(Sokal affair) 的爆发导致了科学家与人文社会科学之间历时多年的口水仗，学术界称之为“科学大战”。“索卡尔事件”本身是一场恶作剧，是对人文与科学神圣性的亵渎，但是这一事件实际上形象地揭示了我们这个社会以及科学界存在的分裂现状。一个分裂的、缺乏思想统一性或者说缺乏本体论的统一教育（海德格尔）的社会在精神上一定是分裂的，这样的社会也一定会充满矛盾和对立，人们普遍不幸福。歌德曾指出，理论是灰色的，生命之树长青。尼采敏锐地把西方科学文化兴起的现状诊断为“虚无主义”，海德格尔则称之为“存在的遗忘”。而作为一位科学家和科学史家，萨顿则拥有着深厚的人文素养，他洞察到了科学内在的“人文性”，并且从科学史的角度对其进行了雄辩的论证。萨顿实际上在用他终身的努力来弥合科学与人文的分裂，让科学家更多地认识到科学真理自身的局限性以及美和善对人类幸福生活的重要性。

学界普遍认为，今天重新学习和检视萨顿的新人文主义，能更好地推进对理工科学生的“课程思政”教育。萨顿的新人文主义能很好地把科学精神、工匠精神、科学与人文融合的精神植根于国人心目中，同时可以有效摒弃“科学虚无主义”的有害思想。

在科学史家乔治·萨顿看来，科学本来就是“人性”的产物，科学与人文在根本上共属一体。他在“四条指导思想”一文中指出，科学研究的人性基础包括“自然界的统一性、知识的统一性和科学的统一性”的“三位一体”。他形象地比喻道：自然界、科学和人类就像一个三棱锥的三个不同的面，在三棱锥的顶端它们自然会汇合在一起。其中“自然的统一性”是科学得以成立和被理解的前提，这是因为“科学的和谐是由于自然的和谐，特殊的说是由于人类思想的和谐”①。“如果它并不存在，如果自然界中没有内在的统一性和一致性，就不可能有科学的知识。”②不但自然界、科学与人类在深层次上是统一的，而且科学与道德、艺术体现了人性的不同面向，它们分别代表了人类真、善、美的不同领域，萨顿认为，“我们不能只靠真理生活”，这三者之间的和谐互补才是人类生活的应然面貌。也就是说，三者是人性这一共同“真理”的不同侧面。

一　萨顿“新人文主义”的内容及特点

萨顿“新人文主义”的主要内容首先在于，科学是人类文明的基础和核心。他认为科学具有可积累性，它不像政治那样变化不定，在科学事业中有坚实的进步观念，而在政治之中则很难这样讲。科学的发展是一脉相承的，即使是发生了科学革命，在范式的转换过程中失败的科学经验也会为最终的科学的成功贡献巨大的力量，这是政治不可比的。科学不是冷冰冰的理性，科学探索充分体现了人类的创造和自由本性，这种自由探索活动才是最真实的生活。“我们建造雄伟的桥梁、飞艇、摩天大楼，如果我们因而失去了快乐的技巧和谦逊的生活，那么这一切对于我们人类又有什么用处呢？如果我们注定要死于疲于奔命的单调生活，那么物质上的清洁精密以及舒适卫生又有什么用呢？——一刻真正

① ［美］乔治·萨顿：《科学史和新人文主义》，陈恒六、刘兵、仲维光译，华夏出版社1989年版，第29页。

② ［美］乔治·萨顿：《科学的历史研究》，陈恒六、刘兵、仲维光编译，上海交通大学出版社2007年版，第3页。

的生活抵得上一辈子的安逸。”① 从人类的本性来看，人类是渴望自由的，这种精神上的自由将会映射到工作和生活中，人们在探索科学的过程中受其本性的影响，科学在自由的探索中往往能达到更高的高度。他认为，重大的科学发现和划时代的科学理论对人类想象力的开拓远远超出最浪漫诗人的想象。他指出：“就连最富有想象力的诗人的梦想也无法同科学家所揭示的现实相比”②。科学家相比于富有想象力的诗人他们具有更加现实的理论基础，科学家所揭示的现实给予了诗人想象的方向，可以说没有重大的科学发现和划时代的科学理论，那么仅靠浪漫诗人的想象的现实就像是空中楼台，科学所揭示事实的一个重要作用就是使“那些浅薄的梦想越来越不协调，而那些卓越的幻想却得到了鼓励”③。诗人的想象肯定是丰富的，但有些想象过于空旷，而科学的作用之一就是使那些不着调的梦想变得浅薄，真正对于人类发展有帮助的幻想能够得到支持。

其次，萨顿认为，科学精神是科学研究的核心，是“新人文主义”的核心，科学技术对现实的改造只是科学精神和科学活动的“副产品”。科学精神是什么呢？“科学精神是一种老老实实的态度，实事求是是最起码的要求。科学精神是一种严格缜密的方法，每一个论断都要经过严密的逻辑论证和实践检验；科学精神是一种批判的态度，要对自己和别人所作的研究无一例外地进行苛刻的审查，不承认任何万古不变的教条；科学精神是一种革命的勇气，随时准备否定那些似乎是天经地义的断言并接受那些好象是离经叛道的观点。”④ 科学精神是一种态度，是在追求科学真理的过程中必须遵守的态度，如果没有科学精神，在科学研究中可能出现的糟糕状况是无法想象的。“科学的精神是一种革新和冒险的精神，是指向未知世界的最鲁莽的探险。……就建设性而论，科学

---

① ［美］乔治·萨顿：《科学史和新人文主义》，陈恒六、刘兵、仲维光译，华夏出版社 1989 年版，第 10—11 页。

② ［美］乔治·萨顿：《科学史和新人文主义》，陈恒六、刘兵、仲维光译，华夏出版社 1989 年版，第 48 页。

③ ［美］乔治·萨顿：《科学史和新人文主义》，陈恒六、刘兵、仲维光译，华夏出版社 1989 年版，第 48 页。

④ ［美］乔治·萨顿：《科学史和新人文主义》，陈恒六、刘兵、仲维光译，华夏出版社 1989 年版，译者前言第 2 页。

的精神是最强的力量，就破坏性而论，它也是最强的力量。”① 科学精神具有勇敢的力量，科学就是要向未知的世界去探险，未知的世界往往是危险的，科学精神就是明知在这种危险的情况下还能够去前进，如果畏首畏尾那么科学永远也不可能进步，科学精神的破坏性是巨大的，它在探索未知世界的过程中会发现“新大陆”，新的东西往往会对旧的东西产生冲击，这就意味着被人们所熟知的旧理论即将被推翻，新的理论取代旧的理论。在追求真理的过程中，“也许我们永远也达不到真理本身，但是坚定地应用科学精神之一切可能的形式将使我们越来越接近真理”②。拥有科学精神的人总会为接近真理有所助益，也许短时间内看不出来，但随着科学探索的历史不断延长，他的作用便会凸显出来。科学精神在整个科学研究中尤为重要，萨顿举了个例子：“希腊最后被罗马征服了，并且知道随着时间的推移希腊文明战胜了它的征服者。但是原有的科学精神消退了，罗马科学充其量不过是希腊科学苍白无力的仿制品。”③ 没有科学精神的罗马文明，永远也不会重现希腊文明的辉煌。当科学精神在科学研究中消失后，那么该科学研究便会失去原有的活力。如何获得科学精神呢？萨顿认为：在探索真理的过程中，我们必须完全忘掉自己，无论真理是什么样子的，我们都要准备热爱它，作为普通人，一旦具备了这一点我们便会具有科学精神。科学精神作为一种无私的精神则主要体现出“学以致知”的精神气质。在萨顿看来，今天人与自然关系的紧张很大程度上来自于技术专家和工程师的“技术迷恋症”，他们是典型的“技治主义者”，一个典型的例子就是希特勒时期的德国科学家，“毁灭人体——不是一个一个地、不是成百地、也不是成千地，而是成百万地毁灭人体的最简单、最便宜的方法是什么？”④ 希特勒时期的科学家疯狂地迷恋技术，相比于技术之外的其他东西，他们认为完全可以忽略，即使是人性方面的东西。科学在当代遭受的很多批评实际

---

① ［美］乔治·萨顿：《科学史和新人文主义》，陈恒六、刘兵、仲维光译，华夏出版社1989年版，第44—45页。

② ［美］乔治·萨顿：《科学史和新人文主义》，陈恒六、刘兵、仲维光译，华夏出版社1989年版，第31页。

③ ［美］乔治·萨顿：《科学的生命》，刘珺珺译，华夏出版社2007年版，第143页。

④ ［美］乔治·萨顿《科学的历史研究》，陈恒六、刘兵、仲维光编译，上海交通大学出版社2007年版，第23页。

上是在替功利化的技术背锅，萨顿认为科学精神要比科学的“功用”更有价值。他批评当代科技界时指出：“从广泛的意义说来，相当多的科学家已不再是科学家了，而成了技术专家和工程师，或者成了行政官员……以及精明能干、善于赚钱的人。”① 科学家因为功利而改变他们便不能称之为科学家，也许他们有着和科学家同样的知识框架，但他们缺失了科学精神。“功用”上的东西同科学精神相比，萨顿认为：“无论科学的成果多么宝贵，尽管它在各种生活中——从功利主义直到最高的情操——都证明是无限宝贵的，但比起揭示这些成果的精神，它们就不足称道了。”②科学的成果是暂时的，而科学精神是永恒的，追寻真理必须具有科学精神，而成果性的东西只是在追寻真理的过程中的“副产品”。萨顿认为科学精神不能控制它本身的应用，往往使用该科学成果的人并不需要受到专业的教育和训练，例如：使用机器的人往往不知道机器本身的制造原理，仅仅通过简单的理解就能够使用机器，使用机器的人我们不能说他不具有科学精神，可能仅仅是他不理解什么是科学精神，同时我们也不能说科学精神在应用的过程中不起作用，这时候的科学精神往往以不同的力量予以辅助，“科学精神自身必须由另一类力量——由宗教和道德——来帮助。总之，它必须既不骄傲自大，也不盛气凌人……人类的统一包括东方和西方……真理不论多么宝贵，它并不是生活的全部，而必须用美和仁爱来使生活完美”③。萨顿认为这时候的科学精神往往以宗教和道德的力量予以帮助，也就是善和美来引导。

再次，萨顿认为新人文主义实现的途径是进行广泛和深入的科学史教育，萨顿把科学史定义为“客观真理发现的历史，人的心智逐步征服自然的历史；它描述漫长而无止境的为思想自由，为思想免于暴力、专横、错误和迷信而斗争的历史”④。“旧人文主义者同科学家之间只有一

---

① ［美］乔治·萨顿：《科学的历史研究》，陈恒六、刘兵、仲维光编译，上海交通大学出版社 2007 年版，第 20—21 页。

② ［美］乔治·萨顿：《科学史和新人文主义》，陈恒六、刘兵、仲维光译，华夏出版社 1989 年版，第 96 页。

③ ［美］乔治·萨顿：《科学史和新人文主义》，陈恒六、刘兵、仲维光译，华夏出版社 1989 年版，第 88 页。

④ ［美］乔治·萨顿：《科学史和新人文主义》，陈恒六、刘兵、仲维光译，华夏出版社 1989 年版，译者前言第 2 页。

座桥梁，那就是科学史，建造这座桥梁是我们这个时代的主要文化需要。”① 同样科学史的研究和教育是通向新人文主义的桥梁，这是他为实现新人文主义所开出的药方。“科学史是一部同迷信和谬误进行不断斗争的历史；它不是一场生动的、场面富丽的斗争，而是一场不为人们注意的、不引人注目的、顽强而缓慢的斗争。”② 科学史可能不是那么地引人注意，但它却在同非科学的认识斗争中不断地指引后人走向科学。“科学史教育的首要任务是认识和方法的，既包括对于科学本身的认知方面，也包括一般意义下的理论观点和方法。”③ 关于这一点萨顿没有说明很多，但综观萨顿的整个学术体系，对科学本身的认知应该是呈历时态的，这不仅仅是对某一部分的科学史的认知，而是对整个科学史体系的认知，我们不能因为历史的科学不如现时的科学而忽略他们，“与古人相比，我们好像是坐在巨人肩膀上的侏儒”。我们是依靠古人的智慧才能更好地发展现代科学。萨顿所说的科学史是这样一个整体的科学史，同样科学史也不是一个单独的个体，它与其他体系都应保持接触；这样对整个科学史体系的研究才能称之为通向新人文主义的桥梁。萨顿认为，科学的历史见证了人性的伟大和深远，科学史具有强大的文化教育功能，“只有当我们成功地把历史精神和科学精神结合起来的时候，我们才将是一个真正的人文主义者。”④ 一个真正的新人文主义者就是成为一名科学史家，只有这样才能把科学精神和历史精神结合起来。萨顿认为科学史学家是科学家和人文学者的中介者，能够把我们的文化协调统一起来，这是因为“一方面，科学史学家经常处理人的因素；……另一方面，它们把它们的深刻的人文价值给予了它的学科”⑤，所以他认为，在科学家、广大学生中进行科学史教育能拓宽人们的眼界、增加人们的

① ［美］乔治·萨顿：《科学史和新人文主义》，陈恒六、刘兵、仲维光译，华夏出版社1989年版，第51页。

② ［美］乔治·萨顿：《科学史和新人文主义》，陈恒六、刘兵、仲维光译，华夏出版社1989年版，第136—137页。

③ ［美］乔治·萨顿：《科学的生命》，江晓原、刘兵主编，刘珺珺译，华夏出版社2007年版，总序第12页。

④ ［美］乔治·萨顿：《科学史和新人文主义》，陈恒六、刘兵、仲维光译，华夏出版社1989年版，第124页。

⑤ ［美］乔治·萨顿：《科学的历史研究》，陈恒六、刘兵、仲维光编译，上海交通大学出版社2007年版，第51页。

同情心，能提高人们的智力水平和道德水准。同时，科学史的研究和教育能让人对科学事业产生敬畏之心，能培养科学家宽容、谦逊的品格，消除“科学主义”的偏见和狂热。

最后，萨顿认为，科学自身并不完备，“只靠科学不能使我们生命变得有意义”①。萨顿认为在追求真理的过程，善和美在人类的生活中同等重要，他认为，科学“是我们智力的力量与健康的源泉，然而不是唯一的源泉。……它却是绝对不充分的。我们不能只靠真理生活”。科学作为“向未知世界的冒险”因其整体的“盲目性”有时会产生潜在的破坏性，这都需要善和美的引导。萨顿指出：“科学的人性是暗含的。……宗教的存在是由于人类对善良、正义和仁慈的渴望；艺术的存在是由于人类对美的渴望；科学的存在是由于人类对真理的渴望。”对真善美的追求是人类的本性，“人类的主要目的是要创造象真、善、美那样一些无形的价值。……他会把混乱同秩序、把丑同美、把恶同善、把谬误同真理分辨开来”②。追求真善美的过程也是消灭这些相对的东西的过程，仅仅追求科学，而忽视了善和美，那么与其相对的东西便会无限放大。“没有圣徒，人类会陷入罪恶之中；没有艺术家，人类会陷入丑陋之中，没有科学家，人类就会完全停顿而且退化。”③科学很重要，但缺少了善和美的存在，科学也会独木难支。

二 科学之美与科学的创造性本质

（一）科学与艺术的区别和联系

萨顿非常重视艺术和美在人类生活中的重要性，它与科学在人类生活中具有互补关系，以及它与科学之间不断相互渗透。科学与艺术代表了人类文明的不同领域，它们之间有着明显的区别。首先，艺术和科学

① ［美］乔治·萨顿：《科学史和新人文主义》，陈恒六、刘兵、仲维光译，华夏出版社1989年版，第138页。

② ［美］乔治·萨顿：《科学史和新人文主义》，陈恒六、刘兵、仲维光译，华夏出版社1989年版，第17页。

③ ［美］乔治·萨顿：《科学史和新人文主义》，陈恒六、刘兵、仲维光译，华夏出版社1989年版，第46页。

最明显的差别在于科学是逐渐进步的，而艺术则永远呈现出人类在这方面创造性的不同，“百花齐放百家争鸣”，也就是说在一定的时代一种艺术形式为人们普遍接受，一种审美风格比较流行，而在另一个时代则另一种艺术形式和风格又“异军突起当仁不让”，所谓“燕瘦环肥”即体现了这个道理。今天的科学真理明天可能就会变成“谬误”，所以“新陈代谢”是科学领域的常态，而且当代社会中知识更新的速度越来越快。以前是几十年更新一遍，现在三五年甚至更短时间就会更新一遍，所以知识的相对价值正在变低。相反，作为审美的艺术则是永恒的，甚至很多艺术作品年代越久远价值就越大。其次，科学的进步和创造一般来说要遵循科学的方法，在前人的基础上以问题意识为导向，以数学方法为工具进行演进，而艺术则相对自主和自发，很多时候艺术的创作要依赖灵感和激情，艺术创作也没有固定的方法可循。最后，科学具有普遍的、国际性的品格，而艺术则具有“部落性、民族性”。我们经常说“科学无国界”，科学事业是全人类整体的事业，它的应用关乎整个人类的福祉，它的发展要靠整个人类的聪明智慧。康德早在二百多年前就指出过，一门科学发展成熟的水平和程度要看它引入数学的程度，科学的国际性、普遍性和公共性也主要是在这个意义上讲的。由于自然这本大书它的语言是“三角、代数和几何”，所以它可以在不同的国家、地区和民族之间传播。相对而言，艺术从来就是具象的、个体性的存在，对于艺术来说，“只有民族的才是世界的”。这是因为在最早的意义上人类的艺术都起源于本民族的神话和宗教，而不同民族其原始文化的形式是截然不同的，不同的民族具有不同的神话、禁忌和图腾崇拜，所以产生的艺术形式肯定会千差万别。

同时，我们也应该看到科学与艺术还有许多共性，科学与艺术之间并没有截然的界限，这也是萨顿的“新人文主义”更加关注的地方。首先，追求真理的过程是美的。这种美当然不是形式的和外在的，而是一种内在美。人类的行为和活动有很多种，很多时候都以实用为目的，在萨顿看来，相较于科学活动，政治活动很多时候是黑暗和丑陋的，是低水平的重复。而人类精神向真理迈进的步伐则因其纯粹和坚韧体现出一种精神之美，萨顿认为这是一种“隐蔽的和谐”。他指出：“隐蔽的和谐正是科学向我们揭示的东西，宇宙的全部美妙的和复杂的对称性，我们的微分方程漂亮而简洁地表示出来的一切韵律，在几乎每一个领域的科学研究中日复一日揭示出的那些结构和功能的无限丰富的精致细节。这也正是并且主要是老赫拉克利特使我想到的东西，即人类命运的隐秘的发展。”①

按照美的主观和客观两个方面，科学的美也可以在这两个方面体现，其一是科学的形态美，这种美是客观存在的，自然界自然而然所呈现出的美，人天生对美的东西有好感，相对于丑的东西，美能够更加吸引人的注意，自然是美的，所以自然能够吸引科学家，使他们沉浸其中。其二是研究过程的美，这是主观意识上的美，美不仅仅是表象的美，自然向我们呈现出的仅仅是一部分美，另外的一部分美，需要人们去探索发现，科学家们把自然的美总结成数学公式、函数定义，呈现出这种含有主观意识的美，并且发现的过程也是美的。

（二）科学中蕴含的几种美

萨顿经常引用赫拉克利特的名言“隐秘的和谐更美妙”来说明科学活动和科学成果的美学特征，科学的这种隐秘的美只有在科学家或者有审美心灵之人那里才能被感受得到。萨顿认为，科学之美有内在和外在两种，外在的美是科学本身的那种美，而内在美指在追求科学真理的过程中，我们享受美的过程以及在路上的那种科学精神。科学之美在科学活动的各个环节都可以体现出来，诸如科学的过程美、科学之成果美、科学之创造美以及科学之精神美等几个方面。科学的美是和谐的、是有秩序的，在自然界中所呈现出的美都是和谐的形态。和谐所体现的必然是其规律性，根据毕达哥拉斯的观点“万物皆数”，他认为万事万物都可以用数来描述，那么用数来描述的自然那么必定呈现出规律性，是和谐的，换句话说，只有自然界的美是规律的、是和谐的，人们才能认识自然进而改造自然，否则，人们永远也无法认识自然。人亦存在且生活于这个普遍联系的世界中，身在其中的我们能够发现物质世界的奥秘，这种和谐的美是科学的美的一个重要特征。

---

① ［美］乔治·萨顿：《科学史和新人文主义》，陈恒六、刘兵、仲维光译，华夏出版社1989年版，第40页。

科学的美是简单的，但这个简单并不是这个发生过程的简单，也不是它本身所蕴含的真理的简单，这种简单是一种纯粹的简单。爱因斯坦多次谈论美的问题，他认为："思想领域最高的音乐神韵，一种壮丽的感觉。"爱因斯坦认为科学美的简单是其在本质上是简单："我们所谓的简单性，并不是指学生在精通这种体系时产生的困难最小，而是指这体系所包含的彼此独立的假设或公设最少。"① 毋庸置疑认识世界的过程是复杂的，在获得真理的过程中，我们不会直接获得最短的途径，总会有一些曲曲折折的道路，尽管这些曲折道路为我们接近真理提供了经验，但它不是真理，也不是美的，真理的东西必然是美的，也是简单的，只有最直接的通向真理的道路才是美的，根据"剃刀原则"，我们去除一系列不必要的复杂的东西，所剩下的其他的东西必然是通向真理的，这种复杂中的简单必然是美的。例如哥白尼坚持日心说，在那个年代没有任何仪器能够证明日心说的准确性，哥白尼促使他能提出革命性的"日心说"的一部分原因是，他从美学的角度重新考虑了宇宙的结构，从而发现了当时占统治地位的"地心说"不能解释宇宙体系存在的这种和谐美，另外一部分原因正是他计算的公式得出的结果是简单且美的，科学的美在很大的程度上促使我们不断接近真理。

科学的美不仅仅体现在自然界所呈现出来的那些，人们可以通过自己的主观意识去寻找美、发现美。这种寻找美、发现美的能力我们可以理解为科学家们具有"审美"，"科学美属于广义的社会文化美，它是审美存在的一种高级形式，是在理性探索未知的活动和在科研的最终成果中所具有的审美价值形式"。科学家们通过审美去寻找自然界的美，那么科学的美是如何体现的呢？彭家勒认为："这种美在于各个部分的和谐秩序，并且纯理智能够把握它。正是这种美使物体也可以说使结构具有让我们感官满意的彩虹一般的外表。没有这种支持，这些倏忽即逝的梦幻之美其结果就是不完美的，因为它是模糊的、总是短暂的。"② 人们

---

① 赵中立、许良英编译：《纪念爱因斯坦文集》，上海科学技术出版社 1979 年版，第 35 页。

② 黄顺基主编：《科学论：对科学多方位的分层研究》，河南大学出版社 1990 年版，第 371 页。

在认识自然改造自然的过程中，去探索自然寻找美，我们所寻找到的真理的美，一方面它能够满足我们感官上的需求，另一方面能够满足我们内心的需求。我们在探索自然中所寻找到的美，它蕴含在我们的主观意识当中，为了能够让更多的人认识到我们所寻找到的美，我们把它以特殊的形式呈现出来，所谓科学美，就是科学理论、公式、实验等在审美主体内心中所激起的一种欢快、愉悦的情感。就好像是一种客体主体化的过程，例如，“麦克斯韦方程将法拉第电磁感应定律、安培定律、欧姆定律等分散的、孤立的电磁学定律统一成一个整体化成优美的数学形式”①。这种以定律公式呈现出来的美，它的本质所呈现在人们眼前的东西受到个人的主观意识影响，但这些公式定律毋庸置疑是美的，它的出现一方面能够呈现出自然界未直接呈现的那部分隐藏的美，另一方面它在研究主体的内心中呈现出自然奥妙的愉悦之美。

在追求美的过程中，科学与艺术看似走的路程完全不同，但他们的任务在根本上是一致的，最终都是殊途同归，但也并不是所有的科学家、艺术家和宗教学家都是追寻共同的最终目的，对于那些缺少科学素养没有科学精神的人，他们的最终目的只会渐行渐远。科学探索的过程充满了艰辛的同时也不乏美感，比如说那些在真理的道路上辛勤耕耘的人难道不比那些好逸恶劳的懒汉更美吗？同时，他还认为许多科学著作、科学理论从形式到内容都是美的，科学家在一定程度上都是美的鉴赏家，一个科学理论在形式上是不是优美雅致、简洁对称，这是许多科学家判断一个理论真理性的标准，例如哥白尼坚持日心说，在那个年代没有任何仪器能够证明日心说的准确性，他坚持日心说的原因正是他计算的公式得出的结果是美的。萨顿还认为，从整个人类文明史上看，人类所独具的科学精神和科学创造性活动也是美的。“许多艺术家听到人们讨论艺术品的价钱也表示出同样的厌烦，因为他们清楚地知道，一件美的事物，正像一点点纯正的真理一样都是无价之宝。”② 借用外人说法和成员说法，美的东西在外人看来不一定具有价值，但对于成员来说美的东西一定是无价的。萨顿认为，科学家对美的鉴赏是高层次的，无论

---

① 姚诗煌编著：《科学中的艺术美》，上海科学普及出版社 2015 年版，第 5 页。

② ［美］乔治·萨顿：《科学史和新人文主义》，陈恒六、刘兵、仲维光译，华夏出版社 1989 年版，第 22 页。

一项科学是否具有商业性质的价值，科学家对其都不会有偏见，任何一项研究都是对真理的崇高追求。

（三）科学创造作为科学美之高级表现

创造和发现是科学的生命。许多场合中“美”是更高层次的“真”，因为科学史揭示了很多时候科学家们对“科学之美”的追求切实推动了科学的发展。萨顿希望把科学史作为鉴赏力的历史来记述，他指出：“因为许多科学家同时也是优秀的作家（想想伽利略、笛卡尔、帕斯卡、歌德、达尔文），许多科学著作的形式是美的，此外，他们的内容也常具有很高的美学价值。科学家们，他们是鉴赏家，很容易从其他理论中识别那些优美雅致的科学理论。忽视这种区别是错误的，因为一般人不能理解而科学家能够看到的这种美与和谐，是非常深刻、极为重要的。”“人们在从事科学创造时经常感受到美感的快乐。这种美感的快乐照例提高人们的创作毅力，促进对真理的探索。”[①] 可见，追求科学真理作为一种文化现象与“人性”之求真、求善、求美的本性紧密相关，但西方科学产生和发展还有社会性、时代性和“群体性”原因，即它的产生和发展离不开社会价值的导向和时代精神气质的引领。

科学需要创新，创新具有革命的性质，创新需要许许多多的科学家们共同努力才能够达到，尽管中间有失败的地方。科学精神是人类最宝贵的财富，而创造性则是人类最高能力的体现。作为一名科学家和科学史家，萨顿以专业的科学素养和丰富的科学史知识详细地论证了科学与人文的统一性，“一个真正的人文主义者必须理解科学的生命，就象他必须理解艺术的生命和宗教的生命一样”[②]。人文与科学的统一性体现于科学在人文主义者中的必要性，一个真正的人文主义者不仅要看到科学的外在物质性，也要具有科学的内在美，即精神之美。

① ［美］乔治·萨顿：《科学的生命》，刘珺珺译，上海交通大学出版社 2007 年版，第 42 页。

② ［美］乔治·萨顿：《科学史和新人文主义》，陈恒六、刘兵、仲维光译，华夏出版社 1989 年版，第 9 页。

三 东西方交流对科学发展的重要影响

从科学史的研究中默顿还跳出了“欧洲中心论”的窠臼，成长为一位不折不扣的科学的“世界主义者”。在默顿科学史研究的四条指导思想中，他还提出“科学的人性、东方思想的巨大价值、对宽容和仁爱的极度需要”这三条原理。默顿以许多有说服力的科学史史料证明了——现代科学兴起于欧洲，但是科学的母亲是整个世界。他指出，“希腊科学的基础完全是东方的”，包括古埃及人、阿拉伯人、印度人等东方民族都为科学作出了巨大的贡献，包括欧洲人引以为荣的“实验精神”也是舶来品，它“归功于穆斯林的炼金术士和光学家”[①]，例如：“早在［公元前］四千年的中期，埃及人就已经知道了数目的十进制体系。在当时的一份碑文中，就提到了120000个俘虏、400000头牛和1422000只羊，每个十进制的单位都用一种特殊的符号来表示。到了公元前三千年的中期，苏美尔人已发展了一种高度专门化的会计体系。这些人的天文学知识同样是非凡的。埃及的365天的历法确立于［公元前］4241年。巴比伦为了占星术的目的积累了对行星的观察，例如，对金星的精致观察追溯到［公元前］二十世纪。他们编制了星表，并且不久就能够预言日月蚀。”[②] 在萨顿看来，全部人类的科学是一个整体，没有古代各个文明之间广泛深入的交流，就不会有后来希腊意义上的“综合与创新”。历史证明，没有各个文明之间的汇流就不会有真正意义上文化与科学的创新。

萨顿将科学史分为四个阶段：第一个阶段是埃及人和美索不达米亚人从经验上获得知识的阶段；第二个阶段是希腊人建立了具有震撼人心的美和力的理性基础；第三个阶段也是至今还最不为人所了解的阶段，这就是中世纪阶段——黑暗中的摸索；第四个阶段即近代科学的阶段。

---

① ［美］乔治·萨顿：《科学的历史研究》，陈恒六、刘兵、仲维光编译，上海交通大学出版社2007年版，第160页。

② ［美］乔治·萨顿：《科学史和新人文主义》，陈恒六、刘兵、仲维光译，华夏出版社1989年版，第58页。

"在这四个阶段中，（科学史）第一个阶段完全是东方的；第三个阶段大部分但也不完全是东方的，第二和第四个阶段却完全是西方的。"① 科学史的发展不仅仅是某一部分地区的发展，而是纵观整个世界的科学的发展。科学史界的一个基本共识认为，尽管西方文明中一直都存在着数学和形式逻辑的学术传统，但是如果没有古埃及和古印度数学成果的输入，也不会产生近代意义上的自然科学，也就是说，东西方的文化与科学交流，甚至包括战争对后来科学的兴起都产生了不可估量的影响。比如，十字军从东方带回了阿拉伯人先进的科学、中国人的四大发明、希腊人的自然哲学文献。印度的代数和三角学经阿拉伯传到了欧洲，欧氏几何和代数的完整结合产生了新的算术学。可以想象，单单其中的一种数学形式很难产生近代更高意义上的解析几何和微积分。东西方数学在欧洲的汇合所产生的新形式成为近代以来科学的强大工具。

萨顿认为，要发扬和塑造"新人文主义"精神，最后任务落在了科学史家的肩上。他指出，科学史家的职责大致有四个方面，对科学更深入的注释，科学传统的捍卫，科学和人文学科的相互协调（即科学的人性化），以科学对美好生活的奉献。凡此种种，他的这些思想无不折射出浓郁的人文主义气息。科学史学家还具有另外的一些责任："他应该是科学记忆的保存者和传统的保卫者。"② 对于失败的科学人们往往不太重视，甚至对于一些失败的科学会消失在历史的长河中，而科学史学家就是这些人们不太重视的科学的保存者。科学的历史不仅仅是冷冰冰地记载在书籍上的东西，它所蕴含的是他们那一代人共同书写的华丽篇章，也许在后人看来历史的知识不是那么美好，但正是这些不那么美好的历史知识才能够推动近代科学的前进。

关于科学的世界性体现在科学是世界的科学而非某一个国家某一个地区的科学，科学史学家研究的也是整个世界科学的时序性而不是某一部分的科学；关于科学的"整体性"，萨顿认为："新、旧科学彼此互相补充，相继推动进步，减少到处包围着我们的无知。……死亡并没有中

① ［美］乔治·萨顿：《科学史和新人文主义》，陈恒六、刘兵、仲维光译，华夏出版社1989年版，第83页。

② ［美］乔治·萨顿：《科学的历史研究》，陈恒六、刘兵、仲维光编译，上海交通大学出版社2007年版，第32页。

断科学家的工作。理论一旦展开就永远生气勃勃。”① 科学的研究并没有中断一说，也不是哪一部分对我们有用我们就仅研究这一部分，科学的研究是一个整体的过程，一部分科学家的死亡并不意味着该部分科学研究的中断而是另一部分科学家在该科学研究中的新生；同样科学的进步也不是间断性的，萨顿举了台阶的例子：每一节大的台阶都可以细分为小的台阶，这些小的台阶可能意味着在整个科学研究进程中失败的理论，这些小的台阶我们可能用肉眼看不到，但正是它失败的经验才一步一步推动理论的成功。

在“教育大众化”的今天，教育的目标是培养“完整的人”、创新的人和健全的人，未来发展所急需的教育是“通才教育”“博雅教育”，这些理念其实和萨顿的“新人文主义”思想一脉相通。萨顿认为：“新人文主义是一种双重的复兴：对于文学家是科学的复兴，对于科学家则是文学的复兴。”②只有科学和文学、艺术、宗教等文化的“多重复兴”才是新人文主义价值所在，否则教育就是畸形的，缺乏道德情感的。新人文主义的主要特征是“继续前进和回顾以往同样重要，它们是互为补充的。……即把年轻的活力和对过去充满崇敬的好奇心结合在一起”③。新人文主义不仅是一种多重复兴，它还需要历史和现实的双重支持，即：历史的经验和现实的活力的结合。

总而言之，乔治·萨顿的“新人文主义”思想为科学与人文的“融合”提供了宝贵的思想财富。“新人文主义”思想的主要内容有：科学本来就是“人性”的产物，科学与人文在根本上同属一体；科学精神是科学研究的核心，是“新人文主义”的核心，机械技术只是科学精神和科学活动的“副产品”；“科学史教育”能培养科学家宽容、谦逊的品格，能有效消除“科学主义”的偏见和狂热；科学自身并不完备，真善美在人类的生活中同等重要；只有“综合才能创新”，没有各个文明之间的汇流就不会有真正意义上文化与科学的创新。

---

① ［美］乔治·萨顿：《科学的生命》，江晓原、刘兵主编，刘珺珺译，华夏出版社 2007 年版，第 43 页。

② ［美］乔治·萨顿：《科学史和新人文主义》，陈恒六、刘兵、仲维光译，华夏出版社 1989 年版，第 122 页。

③ ［美］乔治·萨顿：《科学史和新人文主义》，陈恒六、刘兵、仲维光译，华夏出版社 1989 年版，第 122 页。

四　萨顿新人文主义的局限性

同时，我们也应该看到，萨顿所描绘的美好蓝图很难在现实中实现，他对科学的“基础地位”和“统一性”的理解存在一些含混之处，“科学史教育”普及的愿景也带有较强的理想主义色彩。

萨顿认为科学一直作为人类文明的基础而存在，科学是“我们文明的中枢”，一切其他学科都要围绕它建立起来，这一观点和他对道德、艺术和宗教的同等强调存在着一定的矛盾。虽然我们承认，相比于政治的“变化不定”而言，科学具有“进步性”和可积累性，在科学事业中有坚实的进步观念，但这并不能说明科学从古至今就是人类文明的基础和核心，他的这一观点恐怕会遭到绝大多数历史学家的反对。亚里士多德“人天生是政治的动物”这一命题揭示的是历史上人的生存事实和基本的存在方式，古代的科学技术则主要作为背景存在于政治的光环之中，而背景的东西肯定不等于基础，更不等于“核心”。我们知道，科学在其发端的早期作为“爱智”的学问还蕴藏在“哲学”（philosophy）之中，基本上是贵族们茶余饭后思辨性的“玄想”，技术（technology）则与科学有着不同的起源，它产生于劳动人民所固有的“工匠传统”之中。若没有稳定的社会政治秩序对社会的有效“组织”，科学技术就会像沙滩上的图案难逃消亡甚至中断的命运，所以萨顿在此抬高科学贬低政治的思想显得不够严谨。另外，如果按照他的说法，把科学及科学精神作为人类文明的基础和核心，那么他所同样重视的道德、宗教和艺术与科学将是何种关系？如果人类的文明真的是围绕科学而建立的话，道德、宗教、艺术等文化与科学肯定是平行的，很可能它们将居于从属的地位，而这又将与他的初衷相悖。所以，萨顿关于科学作为人类文明“基础和中枢”的观点也很难自圆其说。

萨顿“四条指导思想”中的“统一性”思想具有一定的独断论和经验论色彩。他认为，科学的人性基础包括“自然界的统一性、人性的统一性和科学的统一性”的“三位一体”，他形象地把自然界、科学和人类比喻为一个三棱锥不同的面，在三棱锥的顶端它们将自然汇合在一起，其中“自然的统一性”是科学得以成立的前提。如果加上一定的限定条件后“人性统一性”的观点我们还可以接受的话，那么自然“统一性”的观点则仍是可疑的。怀特海曾指出，关于科学得以成立的前提是古希腊人“相信自然具有秩序的信念（doxa）”，他说的仅仅是一种“信念”而不是“真理”（truth），信念是一种主观性的东西。如果说“科学不能穷尽自然”是一条真理的话，那么自然一定范围内的“秩序性”并不等于“统一性”，所以萨顿以自然的“统一性”为前提来说明“科学的统一性”和“人性的统一性”也不能令人信服。我们知道，爱因斯坦在其人生三分之二的时间里一直致力于的“统一场论”研究并没有成功。鉴于任何科学理论的“可错性”或“可证伪性”，我们不能把“自然的统一性”作为一条普适的真理。可见，谈论“自然的统一性”与断言自然本身的“辩证法”一样具有独断论倾向。也许，只有在人类的存在的情形下自然才显得有序，如果没有人，断言有序或无序、统一性或非统一性毫无意义，所以，从人性的“统一性”出发讨论自然的统一性更合理，而不能走相反的路径。

萨顿关于普遍实施科学史教育的愿景充满了理想主义色彩。在学科日益分化的今天，科学史已经成为一门独立的学科，它具有一套固定的研究范式和问题框架，即使是诸自然科学分支学科的人想进入也并非易事，所以普遍地在一切科学研究中贯彻科学史教育遭遇到的困难会更大。除非通过强制或者立法的形式进行，否则这是一件“可遇不可求”的事情。还有一个现实问题，就是科学从最初的“小科学”发展到今天的“大科学”时代，科研分工愈发细密，因为大科学本质上是“技—科学”，不同学科之间的“研究壁垒”确实存在，隔行如隔山，一个人一生能在一个细分领域作出成绩已经很难，这些现实因素都为全面实施“科学史教育”增加了困难。

更进一步来说，人类社会的每个时代都有自己的本质特征，它既具有历史延续性又呈现出一定的“断裂性”。正像阿伦特指出的那样，当代社会是“劳动动物的胜利”，行动、工作和劳动之间与古代相比发生了“倒转”，所以以现代科技为支撑的对财富的追求成为时代的本质特征，也就是说今天我们实际上处于一个政治和技术所主导的时代。或者如海德格尔所言，技术之“集置”（Ge-stell，inframing）本质贯通并统治了现代科学和我们这个时代，“集置”内在地意味着强制和“促逼”，所以今天的国家和个人都将沦为技术的“随从”。

五 科学深层次的人性基础

怀特海在《科学与近代世界》中把悲剧中蕴含的“命运无情的必然性”与科学中“不以意志为转移的秩序性”等同起来，认为两者实际上是同源的。他指出：“今天所存在的科学思想的始祖是古雅典的伟大悲剧家埃斯库罗斯、索福克勒斯和欧里庇得斯等人。他们认为命运是冷酷无情的，驱使着悲剧性的事件不可避免地发生。这正是科学所持的观点。希腊悲剧中的命运，成了现代思想中的秩序。”① 他的这一观点很出名，但尽管他的这一观点不是来自科学史领域，而是来自形而上学或者哲学人类学领域的研究成果，也不妨碍我们把这一论点作为前提去分析和认识科学的人性基础。下面我们简要从西方文明中对必然性、悲剧性以及作为求知欲的“爱欲”（eros）的分析来认识人性与科学的关联，分析的结果将告诉我们，科学不但是人类对真理的追求，在更深的意义上它是西方人“爱欲”的结果。应该说这一分析的方向沿着萨顿对人性认识的直觉，但是更加深化和哲学化了。

科学哲学及认识论告诉我们，科学从来不是一堆纯粹的事实。科学探索、发现过程中往往带有强烈的情感因素，比如说我们常讲的“求知欲”，它就不是一种理性成分而是本能的“欲望”，说明科学真理的获得其实也离不开情感性的、非理性的因素。关于“爱欲”与科学的深刻关联，这一主题在2000多年前柏拉图那里就被深入探讨过，只不过随着近代科学的兴起这一问题又再一次凸显出来。“爱欲”当然包括对美好肉体的渴望，人类首先是想通过对异性身体的占有和后代的繁衍实现一定程度的“完满”和“不朽”，但这仍然是初等的爱欲，而它的内涵远不仅如此。在柏拉图的《会饮》中，爱欲主要分三种或者说三个层次，包括“对生育中的不朽的爱欲，对通过声名实现的不朽的爱欲，和对美

① ［美］A. N. 怀特海：《科学与近代世界》，何钦译，商务印书馆1989年版，第10页。

的爱欲”[①]。其中，对不朽声明和荣誉的爱欲指向政治领域，对美的爱欲指向科学，后两种爱欲属于爱欲得到“净化”或“升华”后的形式，它们要高于肉体和生育方面低层次的爱欲。需要强调的是，在柏拉图看来，美和善能在最高的层次的爱欲中达到“统一”（尽管笛卡尔不赞同这种看法）。《会饮》中通过两个神话故事告诉我们，首先，爱欲是人类的自然本能，人们“无法控制它，人只能受爱欲驱动”[②]，爱欲才是人的本质，人永远也不能完全摆脱肉体的这种自然本性。其次，爱欲的实质是渴望完满，渴望自治，渴望做自然的主人，即一句话，渴望像神一样的自由、自足。因为爱欲本身就意味着欠缺、匮乏，意味着有限性、有死性（mortality）、不完满性，受偶然性制约等。爱欲的三个层次表明了人类在爱欲驱动下的三种满足方式（尽管这三种方式都存在着不足），即，通过对美好肉体的拥有实现了身体上暂时的“完满”，通过组建政治共同体——城邦——在一定程度上克服了自我的“不完满”，通过科学则同样可以在一定程度上解放肉体，克服匮乏，摆脱偶然性，做自然的主人，进而实现“自治”。我们知道，城邦总是不可避免会对个人造成压抑，同时，再完美的城邦也不能避免个体的死亡，所以鉴于城邦具有以上明显的缺陷，科学就成了笛卡尔理想中替代城邦的“新寓言”，笛卡尔的数学物理学具有超越和替代政治的内在诉求。

柏拉图和笛卡尔都认为，人的心智再发达也摆脱不了肉体及其爱欲。但是肉体属于自然的一部分，换句话说，人永远和自然万物之间存在着斩不断的联系，科学对自然的“全面的僭政”和人类“自治”是一个硬币的两面。“渴望支配自然就是渴望自治，也就是渴望完满”。在一定意义上，延长人的寿命是人走向不朽和自治的第一步，所以在《谈谈方法》中笛卡尔非常推崇医学，把健康看作人走向幸福的基础并对医学寄予厚望，他认为在诸分支科学中医学是最重要的科学。但是，如何理解爱欲能形成、导致科学？科学之“美”与“善”的关系如何？以及在何种意义上理解科学之“善”？这关涉到爱欲更深层次的奥秘，关涉到

---

① ［美］施特劳斯：《论柏拉图的〈会饮〉》，邱立波译，华夏出版社 2020 年版，第 331 页。

② ［美］戴维斯：《古代悲剧与现代科学的起源》，郭振华、曹聪译，华东师范大学出版社 2008 年版，第 139 页。

科学最深层次的“人性”根源，关涉到如何理解科学深层次的人文性。

首先，科学知识和活动中充满了“美”的品质，因为知识也是爱欲追逐的对象。相较于“操持性”的技术，科学是一种知识“理论”（theory），Theory 这个词来自希腊语 theoria，它由 thea（外貌、外观，女神）和 oraou（观看、观察某物），合在一起的意思是“顾惜而充满敬意地看”[①]，这种看到的“外观”就是知识（eidos），理论意义上的这种“看”是一种“静观”或者凝视（contemplation），所以现代一般都认为科学理论属于“静观”的产物。当然，这种静观或者凝视意味着对“美好之物”的注视，美好之物本身具有美的内在价值，丑陋之物不会成为视觉追逐的对象。所以，“操持不如知识美，因为操持出于必需。……而知识却美在自身。……一旦所有这类事物得到凝视（is contemplated）……知识就已暗含其中了”[②]。作为爱欲对象的知识，一般在形式上都是美的，比如对称美、简洁美、秩序美，这种美近代以来往往以数学的形式展现出来，像早期的哥白尼、开普勒、牛顿以及当代的爱因斯坦、普朗克、杨振宁等大科学家都有这种“形式美”的科学情结，他们都把科学理论的形式美作为理论科学性、真理性的重要标志。

但是，笛卡尔认为美的东西并不一定都是真的，相反，现实世界中很多时候美的事物甚至是一种幻觉，是蒙蔽人的东西。所以他认为在科学研究中，科学家“实际上热恋的是美”，“与科学关系密切的是美而不是好，科学并不可靠。不可靠的根源在于，和美相关的那种感情具有狂热极端的品质”。这也解释了笛卡尔“用数学铺筑一种科学的基石”的决心，他认为“数学既不依靠概念（image），也不源自情感”，数学既摆脱了美同时也超越了肉体的爱欲。但是在根本的意义上，任何数学都包含着“形式美”，他对数学科学的“坚守”本身就蕴含了对美的爱欲，所以有学者指出笛卡尔在这里有一种“含混”。就像真正的“整全”是不可见的一样，抽象的、整体的科学真理不同于具体的形式化的知识，因为“真理的整体”也是不可见的，任何真理都是对具体的、局部的真

① ［德］马丁·海德格尔：《海德格尔选集》，孙周兴译，上海三联书店 1996 年版，第 963 页。

② ［美］施特劳斯：《论柏拉图的〈会饮〉》，邱立波译，华夏出版社 2020 年版，第 320 页。

理知识的美或者爱。

其次，科学探索活动一般都具有忘我的“狂热”品格。从以上分析可以看到，不管是对美好肉体的爱，对名声荣誉的爱，还是对科学知识的爱，都有一种“沉浸”或者“狂热”的忘我性质，在这种“沉浸”式的忘我中体现了科学研究的自由和创造性，以至于科学也带上了这种品格，“科学就像是童话一样，那么强大，那么无忧无虑，那么美好”。同时，由科学这种忘我品格我们也可以从正面理解爱情的“无世界性”，理解“唯美主义”者以及科学斗士的那种疯狂、激烈的情感了；同样，我们也可以从反面理解叔本华把科学研究作为“逃避日常生活苦闷”的途径了。可见追求真理和知识的爱欲也充分体现了科学中所蕴含的人文性。

最后，科学不但是对美的追求，科学研究也往往产生了一种善的结果。就科学能解放人类的劳动，增进健康和延长人类的寿命而言，科学本身包含了一种不折不扣的善。以医学科学为例，笛卡尔认为它既关乎人的健康又关乎人的精神，所以未来人的幸福应该到医学中去寻找。但是整体而言，科学之中的“美”和“善”之间的关系是奇特而复杂的。对于终生以美为追求的人来说（比如说科学家、艺术家群体），美就是他们一生最高的价值，美也就意味着“好”，可见，科学的美和善之间确实有交集，但是又很难截然区分开。三种不同的“爱欲”所欲求的对象不同，它们既相互联系又相互区分，“在最低层次上，（在对属己之物的欲求上）我们想要的拥有是一种不能被分享的拥有。美具有普遍的可接近性。最高意义上的善原则上为一切人共有，但最高者和最低者分享着中间者所没有的‘占有’关系。‘注视’的要素为真理和美所共有，根本需求（vital need）的要素为最高者和最低者所共有”①。也就是说，具有美感的科学是用来“凝视”和追求的，这体现出科学研究的私人性和精神性，但是科学的成果则具有普遍性的、公共的“善”的品格，而最低层次肉体上的属己之爱和最高意义上的善都可以被“占有”，二者都关乎人的“幸福”。不管从三者中的哪一方面讲，科学研究的过程作

---

① ［美］施特劳斯：《论柏拉图的〈会饮〉》，邱立波译，华夏出版社 2020 年版，第 344 页。

为“美”和成果作为“善”都彰显了科学的人文性。

同时，我们也应该看到，科学的危险在于这种“自治”以“支配自然”为手段，它根本上是普遍的和超越政治的，所以戴维斯认为现代自然科学“唯其漫无目的，所以强大无比”，科学及其所属的世界很美，但有时候也很坏，它绝对需要美德的约束。

问题探究

1. 萨顿的“新人文主义”的主要内容有哪些？它新在何处？

2. 在现实生活中怎么贯彻和实践萨顿的“新人文主义”？

3. 你认为科学史课程的开设对弥合科学与人文的分裂有无必要性？为什么？

延伸阅读

1. ［美］戴维斯：《古代悲剧与现代科学的起源》，郭振华、曹聪译，华东师范大学出版社 2008 年版。

2. ［美］阿摩斯・冯肯斯坦：《神学与科学的想象》，毛竹译，生活・读书・新知三联书店 2019 年版。

3. ［美］徐英瑾、梅尔威利・斯图尔特：《科学与宗教：二十一世纪的对话》，复旦大学出版社 2008 年版。

4. ［英］A. N. 怀特海：《科学与近代世界》，何钦译，商务印书馆 1989 年版。

专题十

科学技术创新方法研究

本专题的选题背景及意义

科学技术创新提高了人类的多方面能力。科学技术不断创新，发掘出源源不断的新的能量与力量，不断改变着世界的面貌，为我们拓展出了新的、广阔的空间。人类的能力也在这一过程中得到了培养与提升。科学面对着不断出现的新问题，需要通过不断引入新的方法来解决这些问题，在这一过程中科学家不仅掌握了更多的方法，其问题意识也在不断地提升。同时，人类的生产力不断提升，经过了科学与技术创新，人们所掌握的技能越来越专业化，所能够运用的工具、方法越来越强大，社会物质条件与精神财富日渐丰富，人的生存和发展需要逐渐得到满足，人的生产力也会不断向前发展。

探讨科学创新的含义，应当首先对“创新”的概念有所了解。马克思认为：“辩证法在对现存事物的肯定的理解中同时包含对现存事物的否定的理解，即对现存事物的必然灭亡的理解；辩证法对每一种既成的形式都是从不断的运动中，因而也是从它的暂时性方面去理解；辩证法不崇拜任何东西，按其本质来说，它是批判的和革命的。”①

① 《马克思恩格斯选集》第2卷，人民出版社2012年版，第94页。

一　科学创新的内涵与实现

科学家的工作之一是发现人们尚未发现的全新领域，科学创新就是科学家的工作之一。科学创新是指科学的新方法或新领域，是对于未知的或者是未发现的一种揭示。马克思认为，科学创新指科学家对于自然界或者人类社会的新发现，并且能够自觉地将这种新的发现运用到对自然与社会的改造上。科学创新应包括自然科学创新与人文科学创新。在自然科学方面，马克思认为，“资本是以生产力的一定的现有的历史发展为前提的——在这些生产力中也包括科学”①。科学体现为人类征服自然改造自然能力中的核心因素。在人文科学方面，人文科学的新观点与新理论应用于认识人与社会、改造人与社会发展的方向，就是一种科学的创新。人文科学创新，不仅仅增加了人们的知识与技能，而且也成为无产阶级的思想武器，从而可以更好捍卫自己的思想与行为，改造社会。

（一）科学创新的类型与特点

1. 科学创新的类型

科学创新的类型我们可以从多方面、多角度进行探讨。

首先，上述对于科学创新的定义是从“创新”引申而来的，而我们从“科学”的角度进行探讨，能够发现科学创新的本质。科学的本质是人们对于自然界、社会所出现的现象的一种猜测，并且对于这种猜测通过推理与检验，从而能够得到人类经验知识的证实。所以科学创新的本质应是用新猜测的假说去解释以往的旧的知识所不能解释的活动。因此，以此来看，科学创新可以分为以下四个方面。

（1）发现以往科学家并未发现的自然、社会现象。

1655 年，惠更斯组装了一台更清晰、倍率更高的望远镜，通过这台望远镜发现了土星光环，注意到了光环面相对于地球轨道面的倾斜，而

① 《马克思恩格斯文集》第 8 卷，人民出版社 2009 年版，第 188 页。

早在1610年，伽利略虽然注意到了土星的这种现象，但是并没有发现光环，因此惠更斯的发现属于科学创新。

（2）开创科学所未设计的崭新学科与领域。

帕拉塞尔苏斯被称为医药化学的创始人，在他之前，人们主要用植物做药，而他将矿物质作为药物引入医学之中，考察了许多金属的矿物反应的过程，用无机矿物来治病。帕拉塞尔苏斯是医药化学运动的始祖，创新了医疗理论，也影响了化学的发展。

（3）通过提出新假说以解释旧理论所不能解释的现象。

18世纪末期，英国地质学家赫顿提出了地球在地热作用下缓慢进化的地热论，但是水成论和灾变说更加符合《圣经》故事，因此支持者较少，后来经过英国地质学家塞奇威克与默奇森的实际考察之后，发现火成论更加合理。后来赖尔在接触到了赫顿的火成论与拉马克的进化学说，进一步实地考察，提出了地质渐变说，认为地质就是在多种自然力作用下缓慢变化的，赖尔的思想因此广泛传播，深入人心。

（4）发明新的方法、手段，对假说、现象进行验证与评价。

科学研究是一种过程，有许多的程序与步骤，而科学创新也体现为科学研究中的每一步骤与程序的创新，从这一角度来看，科学创新可以分为：科学问题与科研选题的创新、科学观察与科学实验的创新、科学假说的创新、科学理论的创新、科学评价与检验的创新等。

2. 科学创新的特点

科学创新从不同的角度进行分析，有不同的类型，但是总体来说，科学创新是一种科学领域内的创新活动，是人们探究世界的重要成果，是人类进一步认识世界与改造世界的成果，人们依据科学创新推动科学技术的不断发展。科学创新如此重要，所以应当对其特点进行分析，以此来对科学创新有更深层次的认识，从而获得正确的认识并指导科学创新的发展。

第一，科学创新是具有科学性的活动。科学的创新活动是在科学领域内进行的，不论是科学问题、观察实验、假说理论还是评价与检验的创新，都应当具有科学性，都应当是新的科学性的内容或新的科学性的方法的建立。在科学领域中，创新内容应当与原有理论有所相符，科学领域内的公认理论应当对创新的内容有所支持，并且创新内容应当有充分的经验事实支持与逻辑支持，在原则上可检验，向着更丰富、更专业、更系统、更典型的方向发展。科学创新的科学性不仅仅要求正确性，还要求创新内容符合科学精神，符合科学气质，科学共同体应当主动承担责任，保证其工作能够促进科学的发展与促进人类福祉的增加。科学家应当不断丰富理论，注重思维的严谨性、逻辑性和清晰性，注重对于概念的定义与分析，能够注重运用逻辑和实验对知识进行检验，因此在科学创新中，面对基础科学的创新，科学家尤其需要谨慎。

第二，科学创新具有创新性的特点。创新是科学的生命，正是因为创新，科学才能不断地发展。科学家应当具有批判精神、怀疑精神与超前意识，不断地增加自身的科学素养与科学知识积累，具有一双发现问题的眼睛。科学家需要具有发散性思维，尝试去标新立异，同时又注重收敛性思维，按照严格的科学程序与科学方法为创新打下基础，为创新定向。

第三，科学创新具有跳跃性的特点。科学研究的过程并不总是平缓与渐进的，而是存在着突变与跳跃，这个突变与跳跃就是科学创新，是一种剧烈的变化。科学创新是思维的转变所带来的方向转变，科学创新为科学的研究，甚至为科学的发展都指出了一种新的方向、新的层次、新的角度，但是科学创新的跳跃性并不是说科学创新与以往的理论与方法彻底决裂，而是以之前的理论与方法为跳板，跳跃到更高层次、更高水平。创新必然是在原有理论或原有方法之上的创新，在创新时必然会涉及原有理论、公认理论、科学方法。跳跃性的特点要求科学家在进行科学研究时，应当大胆假设、从习惯性思维中解放出来，同时也要在创新中加强审查与论证，拒斥伪科学。

第四，科学创新具有历史性、社会性的特点。历史性不仅仅是指科学创新以原有理论与原有方法为基础，需要一定的理论积累与思考，是经过了许多人的研究才能够有所创新，同时也是指科学创新会受到时代、社会的限制。时代背景不同，对于理论的创新有所不同或是后来的创新建立在前人的基础之上。不同社会群体的关注、重心、范式、文化传统有所不同，对于科学建制、研究方向甚至科学家的信念与素质都会产生影响，从而也就影响了科学创新。所以科学家应当以多元化的视角、思维去进行科学创新，积极吸收外来、传统以及他人的有益合理的部分进行创新。

第五，科学创新具有心理性的特点。心理性是指在科学创新的过程中，并不全都是理性的，而存在着许多非理性的因素。灵感、直觉、想象等因素在科学研究中起着特殊的作用。在进行研究时，常常会出现无法从逻辑认识角度进行说明与认识的难题，进行长期艰苦劳动之后只差一步飞跃，灵感和直觉表现为思维的飞跃，把握住关键环节、关键因素，从而实现科学创新。科学家应当对科学进行持久的探索，具有毅力与恒心，并且保持对于意外事物的警惕性，保持敏锐的观察力与判断力，不要把全部的心思放在自己的预想之上而忽略了促成创新的因素与联系，善于解释线索，抓住科学研究中的线索，才能促成科学的创新。

(二) 科学创新的基础

在科学研究的过程中，创新往往会受到某些因素的影响，这些因素在科学创新中往往起着基础的作用，是科学创新不可缺少的，包括科学创新的行为基础、思想基础等方面。这些基础性的因素在推动科学的创新发展中起着十分重要的作用。

1. 科学创新的行为基础

科学创新的行为基础即为科学家的创新能力，历史上对于科学创新能力进行了许多的探讨。创新的行为基础主要体现在以实践行动为指向的思维能力以及行为本身。创新的行为基础主要表现在以下几个方面。

首先，创新思维能力属于思维能力的一种，并且以一般思维能力为基础。创新思维能力包括判断力、推理力、联想力与想象力。人们总是先进行分析思考，然后才进行行动与改造，因此创新思维能力十分重要，创新思维能力不仅仅指导科学家获得创新认识，同时还能够去运用创新能力与创新认识去进行改造世界的活动，从而推动科学创新的进行。

第一，判断力。判断力是指人们肯定或否定某种事物的存在，或指明它是否具有某种属性的能力。判断是对事物进行加工处理的活动，但它并不只是人们对于事物的单纯加工，而是具有创新性的活动，判断肯定或否定的结果是新的内容，是一种较强力度的处理与加工，因此判断力也是创新能力的一种。科学家具有较强的判断力能够使其更加容易排除干扰因素，在科学研究过程中能够更加敏锐，更加准确地进行评判，推动科学不断创新。科学家们要注重自身判断力的培养，掌握合理的判断标准，而判断标准的建立需要了解大量的科学理论与科学方法，提高自身的科学素质与科学气质，使自身判断力的提升推动科学创新不断实现。

第二，推理力。推理力是指由一个或几个已知的判断推出新判断的能力。推理力比判断力位于更高一级思维水平，推理所得出的新判断是原有理论、原有方法中所没有的，因此推理力也是创新思维能力的一种。推理对于科学创新十分重要，推理有助于解释前提与结论之间的逻辑关系，是科学解释和科学预见的基础与手段，有助于揭示原有理论所未涉及、未发现的内容，因此推理能力更有助于推动科学创新的实现。科学家应当注重推理能力的培养，在进行研究时要有严密的逻辑性，不断地去吸收客观世界的事实和信息，注重归纳与演绎的综合。

第三，联想力。联想力是指通过一个事物联系到另一个事物的能力。联想也是一种对于信息加工处理的活动，在科学研究中所联想到的事物同样也是新的，所以联想能力也是一种思维创新能力。科学家在坚持不懈地持久研究的同时，应当培养自身的发散性思维，发现未曾被发现的联系。

第四，想象力。想象力是指在记忆的基础上创造出新形象。新形象的创造也是创新的活动，所以想象力属于创新思维。科学家应当不断增加对本科学领域、其他科学领域、非科学领域等的认识，认识全面并且进行判断与推理，在此基础上，跳出传统的圈子，以超越的思维进行想象，实现科学创新。

其次，创新行动能力是指以一般行动能力为基础，在创新思维的指导下，进行创新性的行动的能力。一般行动能力并不能，或者很少能够产生创新，而创新行动能力则是一般动手能力的延展，能够突破常规，产生新事物。创新行动能力是创新思维能力的实现，是科学家进行科学研究时的重要能力。

创新行动能力既然如此重要，科学家就应当注重创新行动能力的培养。科学是信息重组的活动，创新行动能力也需要通过创新思维来进行指导，科学知识在数量上应当追求多，在质量上应当追求高、在种类上应当追求全。当科学家的知识水平有所提高时，也要注重其思维方式的培养。科学家应当具有坚持不懈的精神，对于长期持续研究具有充足的信心与准备，同时要抛开思维定势，勇于标新立异，敢于面对社会对新事物的抵制及与伪科学、非科学的冲突。

2. 科学创新的思想基础

科学创新的思想基础为创新思维。科学创新应当始于创新思维，只有通过创新思维，通过科学家创新之“想”，才能够产生科学之“想”，才能够实现创新。科学的创新思维应当是一种能够产生创新的思维方式。在思考问题时，将各种事物、各方面信息综合考察，走出原有的范围，追求“新”的思维方式。

随着人类的进步发展，面临综合性、复杂性越来越多，遇到难题也越来越多，人类的初级低层次的思维方式不能解决问题，也不能适应科学技术的发展变化，更不能适应世界的飞速变化。同时，不断发展变化的世界、不断发展的科学技术也为人类的思维方式的提升提供了一种有力的支持。人类思维不断向外发展，不断向前发展，科学性不断增强，创新思维方式也因此不断发展。创新思维方式是从一般思维方式发展而来的，只有不断跳出常规思维的局限，才能从解决眼前的简单问题到解决长远的复杂性问题。

创新思维随着人类的不断发展而逐渐增强，科学技术的发展不断增加人类的已知范围，拓展人类的视野，人们所发现和可利用的事实、理论、方法、工具越来越多，越来越强大，而面临的问题也越来越复杂，涵盖领域越来越多，因此在科学技术创新研究中，思维必须具有开放性，不然创新也就难以实现。这就要求人们要打破思维定势与思维封闭。应当从不同的角度去看待问题，点式思维转化为立体式思维，克服自身接触的有限环境的束缚与阻碍，让思维更加开放，更加有利于创新的实现。

同时，创新思维有时会与主流观点相反。在面对科学问题时，每一个人根据自身经验、知识、性格等，认识、解决方法都可能会有所不同。但当个人观点与主流观点明显相悖时，由于从众的思维习惯，为了寻求安全感，很难有人能够坚持己见，而当具有创新思维，具有一种逆反心理时，才能看到别人看不到的事物，敏锐察觉到多数人的错误，最终有所创新。因此在进行创新思维的培养时，科学家应当注意跳出从众的思维习惯，能够大胆假设，谨慎论证，常常进行反思。同时也要增加自身知识和智慧，当我们具有了合理的思维方式，却并不能够看到别人看不到的，觉察不到别人的错误，这可能是因为自身的科学知识积累与科学素养还不够深厚，并且创新思维的这种逆反性，不仅仅要求人们能够看到、觉察到，还要求人们能够对自己的观点进行论证和推理，能够去推翻或说服多数人的认识和理论，所以科学家应当不断地增加自身的知识积累，不断进行素质培养，以为创新奠定基础。

最后，创新思维所能够认识到和需要进行改造的，往往都需要超越他人的认识，只有当个人的思维远远超过其他人时，才能够实现创新。超前性体现为一种更广阔的视野，科学家在进行科学研究时，应当有一个长远的目光和长远的计划，制定切实可行的具体计划、阶段计划，一步步推进，经过长久的艰苦的努力才能够有所创新。并且"站得高，看得远"，只有当科学家达到一定的水平，才能够看到更远的事物，才能够超越他人。

（三）影响科学创新的因素

除了上述在科学创新中起基础性作用的因素之外，科学创新仍然会受到其他因素的影响，例如一般思维能力、一般行为能力等。

1. 一般思维能力

一般思维能力是指人们的基础能力，包括记忆力、理解力、分析力、综合力，是对原有理论与信息进行加工处理的能力，在活动过程中不产生或者产生微小创新的能力。虽然在其过程中创新性较难显现，但是一般思维能力对于科学创新仍然起着基础的作用，只有经历了记忆、理解、分析与综合，才能够为科学创新提供丰富的资料、信息与方法。

首先，记忆力是大脑对于信息的储备能力，在需要时能够再通过回想出信息进行利用。记忆力是科学家以及非科学家的十分重要的一种能力，记忆力越强，所记忆的内容就越多，能够利用的事实、理论、方法也就越多，其创新能力也就越强。每个人的记忆力都有所不同，有人记忆快，能够记忆的内容多；而有的人却记忆慢，能够记忆的内容少。这是因为记忆力受大脑容量与记忆机制的影响。容量不同，记忆能力不同；信息的识别、接受、处理越快、越强大，记忆能力也就越强。而记忆能力并不仅仅是先天所决定的，也会因为后天的努力而有所增强，所以科学信息、科学事实、科学理论的获取，对于科学家来说，不仅仅有利于其知识积累的增加，为科学创新奠定基础，同时也有利于其记忆能力的增强，也是对科学创新有益的。

其次，理解力是指对于信息的梳理、解释能力。科学的创新并不是一蹴而就的，是需要不断积累的。积累的过程不仅仅知识观察到某种事实，发现某种理论和方法，还必须能够运用已有知识对其进行正确的解释和说明，即对其能够理解，只有理解了，才能够真正地内化为自己的东西进行利用，才能够对事物产生新的认识。理解力的强弱受知识积累的影响，科学家不仅对其学科内的知识有丰富积累，同时对其他学科、其他领域的知识也有所积累，其知识积累越多，所能够利用的东西也就越多；同时，理解力的强弱还受思维能力的影响，一个人的逻辑思维能力越强，其理解力也就越强。

客观事物是复杂的，是各种因素、各种部分相互联结的整体。分析则将各种要素暂时割裂开来，将要考察的因素抽取出来，从而揭示其本质和联系，增强人们的认识，增强人们的理解，从而也就能够出现创新的成分。

最后，如果总是着眼于局部研究，限制在狭窄领域内，容易造成孤立、片面地看问题。只有将分析与综合相结合，才能够更全面、更科学地理解事物，才能够获得对于事物的准确认识，促进科学创新的发生。综合并不是各部分主观、随意地堆砌，而是以分析为基础，抓住事物的本质，抓住矛盾特殊性，从整体上去进行考察。

2. 一般行动能力

一般行动能力是创新行动能力的基础，是人的基础能力。包括基本生活能力、日常操作技能、阅读写作能力、语言表达能力、人际交往能力、组织能力、艺术能力等。

一般行为能力具有重复性。重复性工作一般不会产生新事物，但它在创新性工作中却起着重要的作用。一般行为能力为创新行为能力提供支撑，一般行为能力较弱，那么创新行动能力也会相应较弱。只有经过了大量的重复性工作，经过长期的坚持与努力，创新才能够出现。一般行动能力是基础性的，它不仅决定了人们能否生活下去，也决定了在此基础上人们的创新能力的强弱。地基打得牢，房子才能建得高，一般行动能力的训练是初级创新的训练，一般行动能力中也蕴含着创新的要求。

二　技术创新的形成

在技术创新论与经济学中，创新是指一种赋予资源以创造财富能力的活动，任何能够创造财富，或者改变其创造财富能力的行为都可称作创新。技术创新与技术发明有所不同，技术创新是一种新想法、新方案在市场、商业上的实现，当一种新的产品、新的工艺第一次出现在商业交易中时，才称之为技术创新。

（一）技术创新中的开发与转移

社会生产不断发展，为技术的创新提供了基础，技术不断地创新与进步，逐渐决定了其他因素创造的经济效益，也成为创造经济价值的重要因素，因此对于技术创新的研究是十分必要的。

1. 技术进步

技术进步是指技术的研究发展，以及所取得的成果。技术进步包括基础性技术研究、应用性技术研究和发展性技术研究。

基础性技术研究是指技术原理的发现或基于原理性的技术发明。基础性技术研究在技术研究中起着基础的作用，基础性技术研究可能会引发出巨大的效应，推动该领域或其他领域的技术变革，是应用性技术研究和发展性技术研究的基础。应用性技术研究是技术实用化的阶段，是在基础技术研究的基础上的发展。应用性技术研究是技术进步过程中的中间阶段，是基础性技术研究的局部变革。发展性技术研究是在前两者的基础之上，进一步发展与成熟。应用性技术研究将技术、产品进行部分改进、开发新功能新用途，以适应需求。发展性技术研究并没有改变技术原理和基本功能，而仅仅是为延长技术产品的生命周期，或是提高技术或产品的经济效益而对产品结构、性能的改变。

2. 技术开发

首先，技术开发是一种通过技术原理、技术经验对于技术要素进行的创新活动，因此，这也就要求企业的技术开发必须遵从一体化要求。

在企业外部方面，一体化要求企业能够产、学、研相结合。产、学、研相结合可以追溯到19世纪，当时企业下设的工业实验室大量出现。例如，1862年的克虏伯公司所属的化学实验室、1882年的西门子公司所属的企业实验室、1886年的里特尔公司的企业研究所等。企业与大学、研究所建立联系以实现技术的顺利开发，大学、研究所的技术研究课题能够受到企业的资助，能够在企业的生产活动中有所实践；而企业的技术开发项目和生产环节能够有大学、研究所指导，从而双方能够相互辅助，相互促进。

在企业内部方面，一体化要求各部门之间能够相协调有序工作，实现企业内部部门的一体化。企业内部的技术开发、生产、销售工作相互协调，技术开发部门根据生产、销售的实际情况来进行讨论、设计，从而促进了新技术的开发。另外，生产、销售又能够根据技术设计情况进行相应的工作，保证各个部门之间的协调一致，保证了技术开发的顺利实施。

其次，不同国家之间的技术合作有利于技术的开发，而这样的技术开发也有利于实现更高水平的经济效益，因而技术的开发讲求国际性。当代技术向精细化、高难度、复杂化方向发展，当代设备产品也如此地庞大复杂，技术开发无论是从创造性上，还是从经济效益与效率上，都需要更多人的智慧。技术开发的国际性也体现为开发机构的多国籍化，跨国公司通过多国之间的技术开发以实现多国之间的产业合作，调配世界范围内的研究开发资源，以世界为对象进行研究开发，通过技术开发控制世界的市场，发展世界性的技术战略和经营战略，以保证其竞争实力。

最后，技术开发存在着开发经费的差异性与开发时间的风险性。

在经费方面，基础性技术开发、应用性技术开发、发展性技术开发三者的开发经费存在着较大的差异。三种不同技术开发形式存在的差异使得其所依靠完成的主体不同：基础性技术开发投资较少，主要依靠科研院所、大学或中小型企业来进行技术开发，而应用性技术开发与发展性技术开发需要大量经费，只能依靠资金雄厚、技术力量强的大型企业来完成。

在开发时间方面，基础性、应用性、发展性技术开发三者的开发时间也存在着较大的差异。基础性技术开发由于要发现新的技术原理，基于原理进行技术发明，因此基础性技术开发所需时间较长，属于长期开发；应用性技术开发在基础性技术的基础上进行发展和完善，属于中期开发；而发展性技术开发主要目的是符合需求，降低成本，因此时间较短，属于短期开发。技术开发有可能会失败，产生风险的原因多种多样，包括没有充分的专门性知识，替代方案差，技术开发成本、信息来源不足和不充分等。开发过程中的各个阶段也会出现风险，包括选题、开发战略等方面。

3. 技术转移

技术转移也就是技术传播的过程，在技术发展的过程中，技术之间存在着相互依存的关系，技术要素在技术体系中协调有序地进行结合，按照某种渠道和方式进行转移。技术转移在技术研究开发中是十分重要的，经过技术转移，只能在吸收源的一方引进、消化、吸收的基础上进行开放创新。

技术转移可以分为技术纵向转移、技术要素转移等。技术纵向转移是指人类改造自然的历史，即技术产生、发展、演化的历史，也是技术转移的历史。技术的不断发展，带来新的科技革命。技术要素转移是人、机械设备、情报信息这三种要素的转移，或这三种要素转移结合而成的技术形态的转移。技术转移的基本类型有实物形态的转移、信息型转移、能力型转移。在转移过程中，技术要素的结合方式可能会发生改变，从而制造出新的技术。

无论是哪种方式的技术转移，都体现为技术位差的发生源向吸收源的转移的过程。对于发生源来说，技术转移不仅能够促进其经济效益的提升，而且还能够促进技术的开发，实现技术的创新。对于吸收源来说，技术转移有助于其技术水平的提升，能够引进、消化、吸收新的技术成果，虽然吸收源一方常常要经过模仿的过程，但是在技术开发的过程中模仿是不可避免的，有独立创新能力的企业仅仅是少数，并且模仿与创新是相辅相成的，模仿往往也能够带来技术创新的出现。

（二）技术创新的形式与组织

1. 原始创新与集成创新

原始创新与集成创新是技术创新的重要表现形式，也是技术创新所追求的目标。

原始创新与改进创新相对，也与模仿创新相对。从创新过程中的技术变化强度而言，原始创新是在技术重大突破时的创新，又称为根本性创新，影响极大，产生新的产品、新的设备，可能会引发产业结构的巨大变化，具有突进性；而改进创新则是在技术原理或技术知识并没有或改变很小的情况下，基于市场需求所产生的产品功能或结构上的改变，是渐进的、连续的。而从创新战略的角度看，原始创新与模仿创新是相对的，模仿创新是引进技术，进行模仿；原始创新则是原创的、领先的。在进行技术创新时，应当坚持原始创新战略，积极开发新的技术产品，但同时也要使原始创新与模仿创新、与改进创新相结合，不能忽视模仿创新与改进创新的作用。

集成创新不仅仅是指单纯的本技术领域内的技术资源的融合，也是指不同技术之间的集成。集成创新是将若干部分结合成一个整体，将从前结合过的各类技术知识、构想、发明结合起来，或将技术发明的相关技术知识、服务技术知识、商业知识所结合在一起，从而实现技术创新。我们应当注重集成创新，以产品技术为中心，将各类知识、资源相融合，达成技术创新。

2. 国家创新系统与企业

国家创新系统是指面对市场失灵的情况时，国家提出的用来调节国家资源以推动技术创新的体制与思路。国家创新体系是由政府和社会各部门所组成的组织和制度网络，目的是推动技术创新。

在国家创新体系中，企业占据重要位置，是创新体系的中心，也是技术创新的主体，主要有以下方面原因。

首先，技术创新是为了实现技术构想的商业价值，能够带来巨大的经济收益。企业正在成为技术创新活动的投资主体和开发主体，能够从事技术开发活动并投入大把资金，整合各种资源与信息，将研究成果迅速转化为商业成果。

其次，技术创新可以看作信息与要素的重新整合，而这种组合往往只有企业和企业家通过市场才能够实现，在技术创新活动中，只有企业和企业家才能够将市场因素与技术因素相整合，从而满足创新对于获取大量知识的需求。

最后，只有企业才具备技术创新活动所必需的组织体制。技术创新活动不仅仅涉及研发组织，还会涉及生产制造与营销等环节，经费需求巨大，并且部门与部门之间还需要保持协调有序地运转，纵观所有的社会组织，只有企业才能够胜任。

因此，只有企业才能够挑起技术创新的重任，技术创新的高风险和高回报也就要求必须采取一种激励机制，以促进企业以及内部人员的创新热情。

第一，产权激励。产权是激励创新的一种重要保障，产权分为有形产权和无形产权两部分，有形产权是指创新者对于实物的拥有权和使用权，无形产权是指对于信息、技术、知识的拥有权。产权激励通过确立创新者与成果所有权之间的关系来激励创新的不断进行，激励企业不断通过技术创新以实现经济效益的提升。

第二，市场激励。市场激励是指通过市场竞争以实现对于创新者的创新。市场机制较为公平，通过消费者对于创新的接受程度来决定创新者的回报。市场机制要求所有企业都应当直面消费者的现实需求不断为社会提供创新产品与创新服务，并且通过企业之间的创新竞争来推动技术创新水平的提升。

第三，政府激励。政府给创新者津贴，制定税收减免政策，建立创业基金，激励技术创新活动的持续进行。政府不断推动基础设施建设，降低企业进行创新的风险，同时政府积极引导对国家和社会发展具有重大意义的项目与产业，采购技术创新成果，设立风险投资基金与创新转化基金，激发企业与企业家的创新活力。

第四，企业内激励。企业对于作出重大创新贡献的创新者给予物质激励与精神激励，调整组织结构以适应创新活动的开展。

企业应当积极运用各种创新激励方法，打造良好的社会、企业创新环境，以各种方法激励技术创新活动的不断进行。

3. 创新系统与创新生态

国家创新系统强调不同机构和部门之间的相互作用，这个系统应当是由一个国家的公共和私有部门所组成的组织与制度网络。关于创新系统的结构，一般的观点认为包括以下要素：创新活动的主体、主体内部的运行机制、行为主体之间的联系、创新政策、市场环境与国际联系。还有一种观点认为国家创新系统的结构包括创新系统的不同主体之间思维交互作用方式及影响和制约不同行为主体相互作用的创新空间等。

创新生态更加强调了创新系统的要素的聚集，与创新系统相比，创新生态更注重生长性与动态演化性。在创新生态系统中，各个要素相互联系、相互制约，创新主体不断演化，不断促进优势新物种的成长、不断自我超越。

（三）技术创新模式

技术创新十分重要，又十分复杂，为了进一步认识和揭示技术创新的过程，可以对技术创新的模式进行探讨。

1. 线性模式

人们认为技术创新主要是通过研究开发和技术发现所进行的，技术创新是一种线性的过程。技术创新的模式是经过基础研究、应用研究、开发、生产、销售的线性过程。熊彼特发现消费对技术创新的重要作用，他认为发明活动和其他的经济活动一样，都是追求利润的经济活动，受市场需求的影响，科学技术创新的过程实际上从生产需要出发转向开发研究、应用研究的需求拉动模式。

2. 链环—回路模式

对于技术创新的研究不断深入，人们认识到线性模式存在着缺陷，并且也认识到了创新的过程具有动态化、集成化和综合化的特点。在创新活动中，创新过程的环节之间存在着双向互动关系，因此链环—回路模式便应运而生。

三　科技创新的意义

世界日新月异，发展速度极快，发展的方向呈现出不断细化、不断进化的现象。面对这样日益复杂的世界，我们并没有迷失其中，而是能够认识和进行改造，让发展能够为人所用，不断增进人类福祉，这都是因为科学技术成为我们的工具、方法、原理和实践成果，让人类能够享受由科学和技术带来的好处的结果。

（一）推动社会经济发展

马克思认为："资产阶级为了发展它的工业生产，需要有探察自然物体的物理特性和自然力的活动方式的科学。"① 随着科学技术的发展与资本主义的发展，资产阶级将科学原理并入生产过程以提高劳动生产率与创造财富。第一次工业革命，机器代替了人力，使生产率得到大幅度提高，产业发展迅速，社会经济水平不断提升。科技创新不断为生产提供重要手段、方法与原理，也成为财富的代名词，谁能够掌握创新科技，谁就能在生产中获得优势，获得大笔财富。

19 世纪，创新的科学理论应用于技术，科学理论创新的巨大威力转化为技术创新的巨大威力，科学知识不断普及，科学成为社会生活的重要组成部分。汽车、电灯、电报、电话、发电站等等，使人们的生活水平得到了提升，社会生产力结构、经济结构不断改变，经济水平不断提升。20 世纪直到现在，科学技术不断创新，越来越高深，越来越远离我们的生活，原子能、航天、电子技术不断发展，当代科学技术不断向前发展，科学与技术的应用不断推出新的产品与新的服务，原始创新与集成创新不断产生，不断刺激经济的发展。

（二）科技创新推动人类精神意识进步

科学作为一种反映客观事实的文化形式，其创新发展，会不断地开

① 《马克思恩格斯全集》第 22 卷，人民出版社 1965 年版，第 347—348 页。

拓人们的视野，不断推动人们对于客观自然界的认识，甚至可以让客观自然服从于人类计划而加以利用。

近代以前，人们对于世界的认识还较为狭隘，具有强烈的主观性，科学理论之中仍然存在着主观或非科学的内容，人们的世界观是主观与客观的混杂。随着科技创新，科技的地位不断提升，人们的视野逐渐被拓宽。世界图景格局重建，趋于多元化，人们的科学素养也在不断提升，人们看待世界的方法、视角与过去大不相同，人们改造世界的方法也与过去大不相同，人类的研究活动不断深入，可研究的范围不断拓宽。科学性越来越强，这些都是科技创新所拓展的结果。

人们对于自然的认识也在不断地拓展。科技作为人类认识与改造自然界的方法与工具，不断刷新人们对于自然界的认识、不断更新人们对于自然界的利用程度和利用方法。古代人们出于对自然的敬畏是一种崇拜的态度，而科学和技术的不断创新和发展，让人们逐渐抛弃对于客观自然界的主观性认识，抛弃封建与愚昧，进而逐渐将自然为人类所用，人类的主体精神不断增强。随着科学技术的不断创新，科学技术用于生产或生活等实际应用中，也造成了大量的环境污染，环境问题不断加剧，人们也在科学技术创新的过程中认识到了保护环境的重要性，这样的认识不仅仅是面对问题时的危机意识所激发产生的，也是科技创新拓宽了我们的认识而出现的。

科技创新推动人类不断激活新思想，培育新精神。随着科学技术的创新，其面临的挑战不断增加，人们的思想也不断受到挑战，新的科学思想不断激活，让人们的精神面貌与精神状态不断得到培养，人类的理性精神、实证精神、分析精神、开放精神、民主精神、批判精神得到培育和发展。科技创新提高了人的智力水平。科学技术创新要求个体具有创新思维，能够具有较高的智力水平和科学素质，同时，个体在不断进行科学技术创新时，自身的智力、科学素质也得到了一定的锻炼，人类不仅对于自身的生理、精神有一定的认识，对于客观世界也有了更加深入的认识。科学技术的创新解放了人类的思想，不断刷新人们对于社会运行规律的认识，不断为人的自由解放奠定物质和精神基础，促使人们认识到了自身解放的可能性和可行性，从而也就促进了人们的思想变革与解放，并进一步促进人的观念变革和思想的解放，推动人类社会的不断向前发展。

问题探究

1. 科学创新的类型与特点有哪些?
2. 影响科学创新的因素有哪些?
3. 科技创新的巨大意义表现在哪些方面?

延伸阅读

1. 刘大椿、万小龙、王伯鲁等:《科学技术哲学》,高等教育出版社2019年版。

2. [德] 恩格斯:《自然辩证法》,人民出版社2015年版。

3. [英] 马特·里德利:《创新的起源:一部科学技术进步史》,王大鹏、张智慧译,机械工业出版社2021年版。

主要参考文献

一　马克思主义经典文献

《马克思恩格斯选集》第1—4卷，人民出版社2012年版。
《马克思恩格斯文集》第1—10卷，人民出版社2009年版。
《列宁选集》第1—4卷，人民出版社1995年版。
［德］恩格斯：《自然辩证法》，人民出版社2015年版。
《毛泽东选集》第1—4卷，人民出版社1991年版。
《毛泽东文集》第1—8卷，人民出版社1993—1999年版。
《邓小平文选》第1—3卷，人民出版社1993—1994年版。
《江泽民文选》第1—3卷，人民出版社2006年版。
《习近平谈治国理政》，外文出版社2014年版。
习近平：《论中国共产党历史》，中央文献出版社2021年版。

二　中文专著

陈昌曙：《技术哲学引论》，科学出版社2012年版。
黄顺基主编：《自然辩证法概论》，高等教育出版社2004年版。
林德宏：《科技哲学十五讲》，北京大学出版社2004年版。
刘大椿：《科学技术哲学导论》（第2版），中国人民大学出版社2005年版。
本书编写组：《科学技术哲学》，高等教育出版社2019年版。
刘大椿等：《审度：马克思科学技术观与当代科学技术论研究》，中国人民大学出版社2017年版。
王伯鲁：《马克思技术思想纲要》，科学出版社2009年版。
肖峰：《高技术时代的人文忧患》，江苏人民出版社2002年版。

肖显静：《后现代生态科技观——从建设性的角度看》，科学出版社 2003 年版。
许良：《技术哲学》，复旦大学出版社 2004 年版。
殷杰、郭贵春主编：《自然辩证法概论》，高等教育出版社 2020 年版。

三 中文译著

[英] J. D. 贝尔纳：《科学的社会功能》，陈体芳译，商务印书馆 1982 年版。
[英] W. C. 丹皮尔：《科学史及其与哲学和宗教的关系》，李珩译，广西师范大学出版社 2001 年版。
[美] 迈克尔·桑德尔：《反对完美：科技与人性的正义之战》，黄慧慧译，中信出版社 2013 年版。
[德] 汉斯·约纳斯：《技术、医学与伦理学：责任原理的实践》，张荣译，上海译文出版社 2008 年版。
[美] 帕特里克·林、凯斯·阿布尼、乔治·A. 贝基：《机器人伦理学》，薛少华、仵婷译，人民邮电出版社 2021 年版。
[德] 阿明·格伦瓦尔德：《技术伦理学手册》，吴宁译，社会科学文献出版社 2017 年版。
[德] 汉斯·伦克：《人与社会的责任：负责的社会哲学》，陈巍等译，浙江大学出版社 2020 年版。
[英] 卡尔·波普尔：《科学发现的逻辑》，查汝强、邱仁宗、万木春译，中国美术学院出版社 2008 年版。
[英] 卡尔．波普尔：《猜想与反驳——科学知识的增长》，傅季重、纪树立、周昌忠、蒋戈为译，上海译文出版社 2005 年版。
[美] 库恩：《科学革命的结构》，金吾伦、胡新和译，北京大学出版社 2003 年版。
[英] 拉卡托斯：《科学研究纲领方法论》，兰征译，上海译文出版社 2005 年版。
[美] 布莱恩·阿瑟：《技术的本质》，曹东溟、王健译，浙江人民出版社 2014 年版。
[德] 赖欣巴哈：《科学哲学的兴起》，伯尼译，商务印书馆 1983 年版。

［美］赫伯特·马尔库塞：《单向度的人》，刘继译，上海译文出版社2014年版。

［德］尤尔根·哈贝马斯：《作为“意识形态”的技术与科学》，李黎、郭官义译，学林出版社1999年版。

［美］丹尼尔·贝尔：《后工业社会的来临——对社会预测的一项探索》，高铦等译，新华出版社1997年版。

［美］艾萨克森：《爱因斯坦传》，张卜天译，湖南科学技术出版社2014年版。

［英］默顿：《科学社会学》（上、下），鲁旭东、林聚任译，商务印书馆2003年版。

［美］戴维斯：《古代悲剧与现代科学的起源》，郭振华、曹聪译，华东师范大学出版社2008年版。

［美］阿摩斯·冯肯斯坦：《神学与科学的想象》，毛竹译，生活·读书·新知三联书店2019年版。

［美］徐英瑾、梅尔威利·斯图尔特：《科学与宗教：二十一世纪的对话》，复旦大学出版社2008年版。

［英］A. N. 怀特海：《科学与近代世界》，何钦译，商务印书馆1989年版。

［英］马特·里德利：《创新的起源：一部科学技术进步史》，王大鹏、张智慧译，机械工业出版社2021年版。

四　外文文献

Lin, P., R. Jenkins, and K. Abney Ed., *Robot Ethics 2.0: From Autonomous Cars to Artificial Intelligence*, Oxford University Press, 2017.

Losee J., *A Historical Introduction to the Philosophy of Science* (Fourth edition), Oxford / New York: Oxford University Press, 2001.

Richard G. Olson, *Scientism and Technocracy in the Twentieth Century: The Legacy of Scientific Management*, Lanham: Lexington Books, 2016.

William E. Akin, *Technocracy and the American Dream: the Technocracy Movement, 1900 - 1941*, Berkeley: University of California Press, 1977.

后　记

本教材由山东师范大学马克思主义学院孙波等共同撰写。

通过撰写本教材，可以更好地为研究生思政课教学由教材体系向教学体系的转化助力，可以更好地服务于保障研究生思政课“探究性”学习的效果，实现研究生思政课教学立德树人的目的。

在本教材撰写过程中，我们得到了众多国内学者、同行的热心参与、支持和帮助，在此表达我们最诚挚的谢意。共同参与撰写本教材，一方面可以实现本课程不同学校同行的探讨交流，另一方面也能实现更好地为学生学习服务。具体分工如下：

孙波教授撰写专题三：马克思、恩格斯科学技术思想；专题六：科学技术研究的问题意识与方法；专题十：科学技术创新方法研究。同时负责全书的统稿。

肖德武教授撰写专题一：马克思主义自然观的形成及其主要内容；专题二：马克思主义自然观的发展与现代意义。

叶立国教授［中国石油大学（华东）］撰写专题四：科学技术“内在亦善亦恶观”的确立及其规范意义。

江宏春副教授（中国海洋大学）撰写专题五：科学技术的发展模式与动力。

兰立山副教授（中共中央党校）撰写专题七：科学技术的社会功能。

赵俊海副教授（中国科学院大学）撰写专题八：科学技术的社会建制。

史现明教授（曲阜师范大学）撰写专题九：科学与人文的统一性。

孙　波

2024 年 1 月